Neuere Erfahrungen über die Behandlung und Beseitigung der gewerblichen Abwässer

von

Geh. Regierungsrat Prof. Dr. J. König
in Münster i. W.

Vortrag, gehalten in der Sitzung
des Deutschen Vereins für öffentliche Gesundheitspflege
am 15. September 1910 in Elberfeld.

Berlin.
Verlag von Julius Springer.
1911.

ISBN-13:978-3-642-89968-3   e-ISBN-13:978-3-642-91825-4
DOI: 10.1007/978-3-642-91825-4

Softcover reprint of the hardcover 1st edition 1911
Alle Rechte vorbehalten.

Die vorstehende Frage ist allerorten und auch in diesem Verein schon so häufig besprochen, daß eine erneute Behandlung überflüssig erscheinen könnte. Indes ist sie so wichtig und in weitestem Umfange so brennend, daß gern jede Gelegenheit wahrgenommen wird, um auch die kleinsten Fortschritte in der Frage zusammenzufassen und zur allgemeinen Kenntnis zu bringen. Und Fortschritte sind in den letzten Jahren verschiedene auf diesem Gebiete zu verzeichnen, wenn zum Teil auch nur derart, daß es ein einziges Allheilmittel für die Reinigung und eine vollständige Beseitigung der gewerblichen Abwässer nicht gibt.

Zwar ist mir nur die Aufgabe über die Behandlung und Beseitigung der gewerblichen Abwässer gestellt, aber diese lassen sich vielfach von den häuslichen Abwässern vielfach nicht trennen, und dann auch stehen unter den gewerblichen Abwässern:

1. Die aus Schlachthäusern, Molkereien, Margarinefabriken, Gerbereien, Lederfabriken, Lederfäbereien, Brauereien, Brennereien, Hefe-, Stärke-, Zuckerfabriken, Leimsiedereien und andere wegen **ihres verhältnismäßig hohen Gehaltes an organischen, stickstoffhaltigen Stoffen** auf gleicher Stufe mit dem Abwasser aus Häusern, sowohl was ihre Schädlichkeit als Reinigung anbelangt.

2. Eine andere Gruppe gewerblicher Abwässer, z. B. aus Wollwäschereien, Spinnereien und Webereien, Bleichereien, Färbereien, Zeugdruckereien, Appreturanstalten, Papierfabriken, aus der Ölindustrie, von Flachsrotten und Federreinigungsanstalten u. a., ist zwar auch **reich an organischen Stoffen, aber ohne wesentlichen Stickstoffgehalt**, oder sie enthalten mitunter besondere Stoffe, die eine teilweise anderweitige Behandlung als die der Abwässer der Gruppe 1 bedingen.

3. Eine dritte Gruppe gewerblicher Abwässer ist zwar ebenfalls reich an **organischen Stoffen**, aber diese sind an sich **schädlicher bzw. giftiger Natur** — die der Gruppe 1 und 2 sind, vorausgesetzt daß sie keine pathogenen Keime enthalten, vorwiegend nur schädlich, wenn sie in Fäulnis übergehen —, oder sie enthalten neben den organischen Stoffen sonstige direkt giftige Verbindungen, welche die üblichen Reinigungs-

verfahren nicht oder erst nach sehr starker Verdünnung zulassen; hierzu gehören die Abwässer aus Gasanstalten, Teer- und Ammoniakdestillationen, Holzessigfabriken, Farbfabriken (Pikrinsäure-), Braunkohlenschwelereien und Sulfitzellulosefabriken.

4. Die vierte Gruppe gewerblicher Abwässer umfaßt die mit **unorganischen Verunreinigungen**, seien es Säuren, Basen oder Salze. Hierzu gehören die Abwässer aus Schwefelkiesgruben, von Kieswäschereien, Kiesabbränden, Schutthalden, aus Zinkblendegruben und Zinkblendepochwerken, Drahtziehereien, Silberfabriken, Messinggießereien, Knopf-, Nickelfabriken, Verzinkereien u. a., die sämtlich durch einen Gehalt an Salzen der Schwermetalle ausgezeichnet sind und vielfach auch freie Säure (Schwefelsäure oder Salzsäure) enthalten. Bei den Abwässern von Schutthalden der Soda- und Pottaschefabriken nach Leblancs Verfahren kommen freier Kalk, Calcium- und Natriumsulfid, bei den aus Chlorkalkfabriken freies Chlor bzw. unterchlorigsaures Calcium, bei den aus Galvanisierungsanstalten und bei der Verarbeitung der Melasseschlempe auf Cyankalium letzteres und freie Cyanwasserstoffsäure in Betracht, während sich die Abwässer aus Steinkohlengruben, von Salinen, Salzsiedereien, aus Kalisalzfabriken durch einen hohen Gehalt an Chloriden — meistens Chlornatrium, Chlorcalcium und Chlormagnesium — auszeichnen. Einige Steinkohlengrubenwässer enthalten auch deutliche Mengen Chlorbarium und Chlorstrontium, andere auch Ferrosulfat und freie Schwefelsäure.

Die Art der Reinigung dieser Abwässer richtet sich ganz nach ihrer Zusammensetzung; für die mit **Salzen der Alkalien und Erdalkalien** ist eine Reinigung und Beseitigung im allgemeinen nicht möglich, es sei denn, daß sie durch Eindunsten als solche abgeschieden und verwendet werden können. Für die gesättigten Endlaugen der Kaliindustrie hat man (D. R. P. 123 289) vorgeschlagen, sie zur Ausfüllung der durch den Bergbau entstandenen Hohlräume zu benutzen, während W. Günther sie durch wasserdichte Schachtbrunnen tief in das Grundwasser versenken will. Im allgemeinen pflegt man sich hier in der Weise zu helfen, daß man diese Art Abwässer in großen Stauteichen aufspeichert und je nach der zeitlichen Wasserführung des Vorfluters in geringerer oder größerer und in solcher Menge beständig abfließen läßt, daß der Gehalt des Vorfluters an Salzen nahezu konstant bleibt. Über die Beseitigung von cyankaliumhaltigen Abwässern vergleiche weiter unten.

Außer der chemischen Zusammensetzung aber kommt für die Reinigung bzw. Beseitigung der Abwässer die **Art ihrer Schädlichkeit** und die Beschaffenheit, sowie der **Nutzungszweck** des das Abwasser aufnehmenden **Vorfluters** in Betracht. Die Abwässer der Gruppe 1 und 2 sind, sei es durch Vorhandensein von pathogenen Bakterien an sich, sei es durch leicht eintretende Fäulnis, direkt oder indirekt vorwiegend in **gesundheitlicher** Hinsicht für Menschen und Tiere schädlich, dagegen in **landwirtschaftlicher** Hinsicht wegen der darin vorhandenen Düngstoffe für die Berieselung von Wiesen und Feldern nützlich und gewähren in frischem Zustande den Fischen auch meistens willkommene Nahrung. Bei den Abwässern der Gruppe 3 und 4 hat die gesundheitliche Schädigung meistens eine nebensächliche, dagegen die für die landwirtschaftliche Nutzung sowie für die Fischzucht eine um so größere Bedeutung. Auch für **gewerbliche Nutzungszwecke** verhalten sich die einzelnen Abwässer verschieden.

Bei einem **Vorfluter** mit **großen Wassermengen** und einer **starken Stromgeschwindigkeit** braucht die Reinigung unter sonst gleichen Verhältnissen nicht so weit getrieben zu werden, als bei einem Vorfluter mit wenig Wasser und trägem Lauf. In einem gegebenen Falle wird man daher für die Beurteilung der Frage, auf welche beste Weise ein Abwasser gereinigt bzw. beseitigt werden kann oder soll, den Nutzungszweck des das Abwasser aufnehmenden Vorfluters mit in Betracht ziehen müssen.

Wo zwei oder mehrere Schädigungen in Frage kommen, da muß die Beseitigung einer etwaigen **gesundheitlichen** Schädigung von Menschen und Tieren die allererste Berücksichtigung finden. In der Tat sind denn auch die Bestrebungen auf Unschädlichmachung gewerblicher Abwässer in erster Linie auf die Abwässer gerichtet, welche **viele organische Stoffe** enthalten und in gesundheitlicher Hinsicht am bedenklichsten sind, und wenn hier die neuesten Erfahrungen über die Beseitigung gewerblicher Abwässer mitgeteilt werden sollen, so mögen die Verfahren für die Beseitigung der organischen Stoffe in den Abwässern vorangestellt werden. Letztere kann, wie jetzt allgemein anerkannt wird, auf **biologischem Wege**, sei es mit Hilfe der **selbstreinigenden Kraft der Flüsse** oder der **Bodenberieselung**, oder der **intermittierenden Bodenfiltration** als gleichsam natürlichen Hilfsmitteln, oder mit Hilfe von künstlichen Oxydationskörpern am besten erreicht werden. Der biologische Vorgang bei den vier Verfahren ist im Wesen gleich, nur die Art des Verlaufes gestaltet sich in etwa verschieden. Wesentlich für alle biologischen Verfahren ist es, daß die Schwebestoffe vorher tunlichst aus den Abwässern entfernt werden.

I. Die Selbstreinigung der Flüsse.

Die Flüsse sind von jeher die natürlichen Sammelrinnen für alle Abflüsse und Unratstoffe von bebauten und bewohnten Landflächen gewesen und haben die Klagen über ihre Verschmutzung erst mit der außergewöhnlichen Zunahme der Bevölkerung und der ebenso starken Entwicklung der Industrie ihren Anfang genommen. Daraus geht schon von selbst hervor, daß die Flüsse bis zu einem gewissen Grade, eine unschädlichmachende, selbstreinigende Kraft (gleichsam ein gewisses Verdauungsvermögen) besitzen, daß dieses Selbstreinigungsvermögen aber versagt, wenn die Menge der zugeführten Unratstoffe ein gewisses Maß überschreitet. Aus dem Grunde ist es wichtig, hier den Begriff Selbstreinigung der Flüsse von vornherein festzulegen. Wir müssen unter „Selbstreinigung der Flüsse" die bleibende Unschädlichmachung der zugeführten verunreinigenden Stoffe verstehen, sei es durch mechanische oder chemische Vorgänge, sei es durch Umwandlung toter organischer Stoffe in unschädliche Lebewesen oder in sich verflüchtigende Gase.

Wenn von den verschiedensten Seiten in der Niederschlagung von Schwebe- und Sinkstoffen, besonders von Bakterien, das eigentliche Wesen der Selbstreinigung der Flüsse angesehen wird, so ist dieses nicht richtig; denn der niedergeschlagene Schlamm kann, wenn er stickstoffhaltige organische Stoffe einschließt, in Fäulnis übergehen und fortgesetzt schädlich wirken, oder er kann bei Hochfluten auf Ländereien gespült werden und dort wieder Schaden anrichten. Wenn ein fauliges, d. h. schwefelwasserstoffhaltiges Abwasser mit einem solchen, welches Schwermetalle (z. B. Ferrosulfat) enthält, zusammenfließt, so kann sich Schwefelmetall (z. B. Ferrosulfid) bilden, welches sich als unschädlich vorübergehend im Fluß absetzen kann; aber eine Selbstreinigung ist dieses nicht, weil das Schwefelmetall bei Hochfluten wieder aufgerührt wird und dann im Flußwasser selbst oder auf Ländereien wieder schädlich wirken kann. Auch in der Hochflut kann, was vielfach übersehen wird, nur dann ein Selbstreinigungsvorgang erblickt werden, wenn der Schlamm bis ins Meer fortgeführt wird, wo er auf Jahrtausende gelagert bleibt. Lagert sich der Schlamm aber nach kurzem Fließen des Wassers wieder ab, so ist das nur eine vorübergehende örtliche Selbstreinigung, und wenn fortgesetzt neue übermäßige Schlammassen in den Fluß gelangen, die nicht in demselben Maße in das Meer abfließen wie sie zugeführt werden, so ist mit der Zeit eine vollständige Verschlammung des Flusses zu erwarten, in derselben Weise wie bei Landseen, die keinen oder keinen genügenden Abfluß haben.

Dagegen können freie Säuren, z. B. Schwefelsäure, Salz- und Salpetersäure, durch die im Flußwasser vorhandenen Carbonate gebunden, freier Kalk durch vorhandene Kohlensäure in Calciumbicarbonat übergeführt und dauernd unschädlich gemacht werden; das sind also wirkliche Selbstreinigungsvorgänge, wie ebenso die Verflüchtigung von freier Kohlensäure, von freiem Ammoniak und sonstigen Gasen aus dem Wasser in das Luftmeer.

Über den wirklichen Selbstreinigungsvorgang von organischen Stoffen, die, wie schon lange angenommen wurde, durch Mikroorganismen zersetzt werden, haben wir erst in den letzten Jahren durch die dankenswerten Untersuchungen von Kolkwitz und Marsson[1]) eine volle Aufklärung erfahren. Hiernach kann man bei der Selbstreinigung von organischen Stoffen durch Mikroorganismen drei Zonen unterscheiden, nämlich:

1. Die Zone der Polysaprobien. Sie zeichnet sich durch einen Reichtum an Schizomyceten aus, sowohl was Individuenzahl, Spezies als auch Gattung anbelangt; die Anzahl der Bakterienkeime für 1 ccm kann eine Million übersteigen. Auch farblose Flagellaten-, Tubificiden- und Chironomuslarven sind in dieser Zone häufig. Von den Organismen können einzelne, wie Sphaerotilus, der neben der Bewegung des Wassers Belüftung notwendig hat, wohl in die zweite, aber niemals in die dritte Zone übergehen. In der ersten Zone werden die hochmolekularen, zersetzungsfähigen organischen Stoffe wie Proteine, Fette und Kohlenhydrate abgebaut; infolgedessen treten Reduktionserzeugnisse (Schwefelwasserstoff), Mangel an Sauerstoff, Zunahme an Kohlensäure und häufig Schwefeleisen im Schlamm auf. Fische halten sich in dieser Zone nicht auf. Größere Flüsse, welche

---

[1]) Berichte d. Deutschen botan. Gesellschaft 1908, Bd. 26 a, 505, un Internationale Revue d. gesamten Hydrobiologie 1909, Bd. 2, 126.

auf längere Strecken polysaproben Charakter tragen, sind bei uns selten; die stark verschmutzt aussehende Wupper ist nicht polysaprob; dagegen zeigt z. B. die stark mit Abwässern aller Art belastete Emscher an einigen Stellen polysaproben Charakter.

2. **Die Zone der Mesosaprobien.** Diese Zone zerfällt in zwei Teile, in einen α-Teil, der sich noch an die erste Zone anschließt, viele Schizophyceen, farblose Flagellaten, und bei stark bewegtem Wasser auch Fadenbakterien und -pilze enthält; es treten aber auch schon chlorophyllführende Pflanzen und Oxydationserscheinungen auf. Die Proteine sind bis zu Aminosäuren und Ammoniak abgebaut; Beispiele dieser Art sind verschmutzte Gräben und Teiche, besonders von Rieselfeldern, worin schon Fische fortkommen können. In dem β-Teil dieser Zone schreitet die Mineralisierung in erhöhtem Maße weiter, es tritt Salpetersäure auf (z. B. in dem Drainwasser von Rieselfeldern). Die Zahl der Bakterienkeime beträgt meistens unter 100 000 für 1 ccm. Dieser Teil kann der der Bacillariaceen (Diatomeen) genannt werden; neben Kieselalgen finden sich viele Arten von Chlorophyceen, unter der Mikrofauna Flagellaten, Ciliaten, Rotatorien, Mollusken und Crustaceen.

3. **Die Zone der Oligosaprobien.** In dieser fehlen die Polysaprobien vollständig; die Bakterienkeime betragen durchweg unter 1000 für 1 ccm. Peridinales (einzellige Thallophyten) kommen, wenn überhaupt vorhanden, zu typischer Entwicklung; Chlorales beginnen aufzutreten. Der Gehalt an organischem Stickstoff pflegt 1 mg für 1 Liter nicht zu übersteigen. Der Verbrauch an Kaliumpermanganat und die Sauerstoffzehrung sind nur gering. Es stellen sich auch die gegen Abwässer empfindlichen Fische ein. Der in diesen Wässern sich absetzende Schlamm kann noch β-mesosaproben Charakter haben.

Die Wasseralgen können nach Löw und Bokorny auch aus freien organischen Säuren (Essigsäure usw.) Stärke bilden und aus Harnstoff, Glykokoll, Leucin, Tyrosin usw. direkt Protein aufbauen; Grosse-Bohle und Vortragender fanden, daß auch höhere Wasserpflanzen in Lösungen, die Asparagin oder Albumosen und dabei Dextrin enthielten, üppig gediehen. Der biologische Vorgang bei der Selbstreinigung der Flüsse ist daher ein sehr vielseitiger. Die toten organischen Stoffe durchlaufen die verschiedensten niedrigen Lebewesen bis hinauf zu wieder genießbaren Fischen.

Die Selbstreinigung der Flüsse wirkt aber nur bei **genügender Verdünnung** des Abwassers sowie bei genügender Stromgeschwindigkeit ausreichend und sicher. Eine 15 fache Verdünnung bei 0,6 m Stromgeschwindigkeit des Flusses, selbst bei Niedrigwasser, nach der früheren v. Pettenkoferschen Forderung ist zweifellos für die meisten an organischen Stoffen reichen Abwässer nicht ausreichend, auch wenn das Abwasser von Schwebestoffen befreit sein sollte, was stets gefordert werden muß. Die Isar führt bei Niedrigwasser 40 Sec./cbm, die gesamte Abwassermenge (einschließlich Spül- und Abortstoffe) beträgt bei 500000 Einwohnern Münchens (mit je 150 Liter Verbrauchswasser für den Kopf) 0,9 Sec./cbm; die Verdünnung ist daher eine 44 fache bei sehr großer Stromgeschwindigkeit. Trotzdem machen sich nach verschiedenen Berichten die üblen Folgen der Einführung des nicht vorgeklärten Wassers nach zwei Jahrzehnten bis 50 km unterhalb Münchens geltend: es wird darüber geklagt, daß noch ziemlich weit unterhalb Münchens in der Isar Kotballen sich vorfinden, Papier und Fett auf dem Wasser schwimmen und auch die für putride Abwässer eigenartige Flora zu beobachten ist. Prausnitz hält zwar die Klagen über die Verschmutzung der Isar für nicht so schlimm, wie sie hingestellt wird, aber das sieht man aus diesem Falle doch, daß die städtischen Abwässer selbst bei dieser starken Verdünnung und Stromgeschwindigkeit nicht ohne Vorklärung in die Flüsse abgelassen werden dürfen.

Das Abwasser der Stadt Gießen wird in Absitzbecken vorgereinigt und in die Lahn abgeführt, wo es bei Niedrigwasser eine 65 fache Verdünnung erfährt: das sorgfältigst gereinigte Abwasser der Stadt Frankfurt a. M. wird durch das Mainwasser selbst bei Niedrigwasser 128 fach verdünnt. Bei diesen starken Verdünnungen der mechanisch gereinigten Abwässer konnten Fr. Hill in der Lahn und J. Tillmans im Main unterhalb der Einmündung zwar nur mehr eine geringe Vermehrung der Keimzahlen und der Sauerstoffzehrung nachweisen, aber diese Beispiele beweisen ebenfalls, daß der frühere unterste Grenzwert v. Pettenkofers aufgegeben werden muß.

Außer der Beschaffenheit und Menge der Verunreinigungen spielen aber bei der Selbstreinigung die natürliche Zusammensetzung des Flußwassers, seine Temperatur, die Beschaffenheit des Flußbettes wie der Flußufer, freier Lauf oder Unterbrechung desselben durch Schleusen usw. eine wesentliche Rolle, so daß Städte und Gewerbe nur in seltenen Fällen von der selbstreinigenden Kraft der Flüsse allein Gebrauch machen können.

II. Die Landberieselung.

Auch die Landberieselung kann als ein **natürliches Reinigungsverfahren** für stark mit organischen Stoffen verunreinigte Abwässer angesehen werden. Denn von jeher und überall werden dem Boden entweder in den Pflanzenrückständen (Wurzeln) oder mit Stallmist und Jauche oder mit Abortinhalt organische Stoffe zugeführt, die in ihm alsbald verschwinden und so verändert werden, daß das etwa abfließende Drainwasser hell und klar ist. Das wird durch die verschiedensten Lebewesen herbeigeführt. **Würmer** (unter anderen der Regenwurm) und **Infusorien** verzehren einen Teil der organischen Substanz; über ihre Exkremente und noch mehr über die natürliche organische Substanz machen sich **pflanzliche** Kleinwesen her, zerlegen und oxydieren (mineralisieren) dieselben zu Verbindungen, die den höheren Kulturpflanzen wieder als Nährstoffe dienen. Die **Proteine** werden durch anaerobe Bakterien, unter anderen Buttersäurebakterien, Bact. pyocyaneum, Bac. mycoides, Bac. proteus, Bac. putrificus u. a. zu Aminosäuren und weiter bis zu Ammoniak, der **Harnstoff** und die **Hippursäure** durch besondere Harnstoffbakterien zu letzterem abgebaut und das Ammoniak wird nach **Winogradzky** durch besondere Bakterien, durch Nitrosomonas und Nitrosokokkus zuerst zu salpetriger Säure und durch das Genus Nitrobakter zu Salpetersäure oxydiert. An der Zerlegung der **Kohlenhydrate**, auch der **Zellulose** sind eine Reihe Bakterien (Aerobakter- und Amylobakterformen), Hefe- und Schimmelpilze beteiligt; auch die **Fette** werden vorwiegend durch Schimmelpilze verzehrt. Als Zwischenstufen zwischen den Kohlenhydraten, dem Fett und der Zellulose bis zu Kohlensäure und Wasser entstehen Ameisensäure, Essigsäure, Buttersäure u. a., ferner **Humusstoffe**, bei deren Zersetzung außer den genannten Organismen noch besondere Kokken- und Stäbchenformen (Actinomycetes) mitwirken können.

Der **organisch gebundene Schwefel und Phosphor** werden bei vorstehender Zersetzung, wenn genügend Luft zutreten kann, zu Schwefelsäure und Phosphorsäure oxydiert; bei mangelhaftem Luftzutritt geht der gebildete Schwefelwasserstoff mit vorhandenen Basen (z. B. Eisen) Verbindungen ein, die (Schwefeleisen) bei genügendem Luftzutritt oxydiert werden. Phosphorwasserstoff kann wohl kaum jemals bei der Zersetzung im Boden auftreten, während umgekehrt aus den Mineralphosphaten des

Bodens durch die Bakterien Phosphor abgeschieden und in organischer Bindung aufgespeichert werden kann.

Gleichzeitig mit diesem biologischen Vorgang findet im Boden weiter teils eine **chemische Bindung**, teils eine **Adsorption** statt. Die entstandenen Säuren[1]) (Salpeter-, Schwefel- und Phosphorsäure) werden durch Basen bzw. basische Salze (Eisenoxyd, Tonerde, Carbonate) chemisch gebunden, während Kali, Farbstoffe teils chemisch gebunden, teils von den Bodenkolloiden adsorbiert werden. Die vorhandenen **Schwimm- und Schwebestoffe** werden bei der Berieselung bzw. Filtration auf und in dem Boden **mechanisch** niedergeschlagen.

Es findet daher durch die Berieselung auf Land eine weitgehende und wenn sie richtig — besonders unter Anwendung einer Doppelberieselung — ausgeführt wird, die **beste** Reinigung aller fauligen und fäulnisfähigen Abwässer statt.

Auch in **gesundheitlicher** Hinsicht kann gegen die Berieselung nichts eingewendet werden, da weder auf den Rieselfeldern noch in der Umgebung der Vorfluter, welche das Drainwasser aufnehmen, spezifische oder ansteckende Krankheiten beobachtet worden sind. Dabei gewähren die Rieselfelder, wenn auch keinen Reingewinn, so doch einen **wirtschaftlichen Nutzen**, der bei allen anderen Reinigungsverfahren wegfällt oder doch nur sehr gering ist.

Aus diesen Gründen kann die **Untergrundrieselung**[2]), bei der das Abwasser durch etwa 0,5 bis 1 m tief in die Erde gelegte, gelochte Rohre dem Boden zugeleitet wird und bei der der biologische Reinigungsvorgang beschränkt ist, nicht mit der Oberflächenrieselung in der Wirkung verglichen werden.

Die **Oberflächenberieselung** des Bodens erfordert indes:
1. Einen **geeigneten** Boden. Der Boden muß gut durchlässig sein, dabei aber eine gewisse Absorptionsfähigkeit und wasserhaltende Kraft besitzen, damit die Flüssigkeiten nicht ungehindert und zu schnell durchlaufen. Am besten geeignet sind **sandige Böden** mit mäßigem Tongehalt, während **Lehmböden** sich leicht dicht schlämmen und undurchlässig werden.

---

[1]) Auch die gebildete Kohlensäure kann durch Basen oder Kolloide gebunden und vor dem Entweichen geschützt werden.

[2]) Die Untergrundrieselung läßt sich nur bei **geringen** Mengen häuslicher Abwässer, z. B. von Landhäusern, einzelstehenden Anstalten aller Art usw., anwenden und muß das Abwasser außerdem gut mechanisch vorgereinigt sein (etwa durch Faulkammern).

Die Durchlässigkeit für Wasser und Luft muß durch entsprechend tiefe Drainage unterstützt werden. Deshalb ist es nicht angängig, fortgesetzt Schmutzwasser zuzuleiten, sondern die Durchfeuchtung muß zeitweise unterbrochen werden (intermittierende Filtration), damit genügend Sauerstoff zur Oxydation der organischen Stoffe zutreten kann. Bei **ununterbrochener** Zuleitung oder bei zu **hohem** Gehalt der Schmutzwässer an organischen Stoffen tritt leicht eine **Übersättigung** (Insuffizienz) des Bodens ein.

2. Eine **genügende Bodenfläche**. Weil aus letzteren Gründen die reinigende (oxydierende) Wirkung des Bodens keine unbegrenzte ist, so muß die Bodenfläche bzw. der Bodenraum[1]) für die Berieselung in einem gewissen Verhältnis zur Menge des zu reinigenden Wassers stehen. Theoretisch sollten einem Rieselfelde in dem Schmutzwasser nicht mehr Stoffe zugeführt werden, als die Kulturpflanzen nach Mineralisierung der Stoffe aufnehmen können. Diese Forderung aber läßt sich nicht durchführen, weil die Schmutzwässer die Stoffe in einem anderen Verhältnisse enthalten als die Kulturpflanzen zu ihrer Entwicklung bedürfen — die städtischen Abwässer enthalten z. B. im Verhältnis zu Phosphorsäure und Kali zuviel Stickstoff — und weil eine vollständige Beseitigung der Stoffe aus den Schmutzwässern zur Verhütung von Verunreinigungen in den Vorflutern meistens nicht nötig ist. Um z. B. den Stickstoff in den städtischen Abwässern durch die Kulturpflanzen voll auszunutzen, würde man einem Hektar Rieselfeld die Abwässer von nur rund 100 Einwohnern einer Stadt zuführen dürfen. In Wirklichkeit aber sind die zugeleiteten Mengen Abwasser viel größer; so entfallen unter anderen auf je 1 ha Rieselfeld die Abwässer:

	Berlin	Breslau	Paris	Kottbus	Charlottenburg nach Vorreinigung
von Einwohnern (rund) ..	275	450	400	700	1200

Da in letzteren beiden Fällen die Reinigung trotz der hohen Belastung der Rieselfelder eine gute genannt wird, so ersieht man hieraus, welchen vorteilhaften Einfluß eine **Vorreinigung** des städtischen Abwassers für die Leistung der Rieselfelder hat. Schließt

---

[1]) Richtiger ist es, das Bodenvolumen, ausgedrückt in Kubikmetern, als Maßstab zu nehmen, da z. B. ein Boden, der infolge guter Durchlässigkeit und Drainage bis 1 m Tiefe eine oxydierende Wirkung äußert, eine größere Menge Schmutzwasser verarbeiten kann als ein Boden, dessen Filtrationsfähigkeit mit etwa $^3/_4$ m Tiefe aufhört.

ein Schmutzwasser viele Schwebestoffe ein, so überziehen sich der Boden bzw. die Staugräben leicht mit einer **Filzschicht**, die sich nur schwer zersetzt, während Schwimmstoffe wie Fette und Öle zwar in den Boden dringen, aber dort ebenfalls einer langen Zeit zur Zersetzung bedürfen. Die Vorreinigung eines **Schmutzwassers** von organischen Schwimm- und Schwebestoffen für die Berieselung soll daher womöglich niemals unterlassen werden; sie kann je nach der Beschaffenheit des Wassers durch einfache Klärteiche, Rechen, Filter oder chemische Fällungsmittel erreicht werden.

Wesentlich für die gute Wirkung der Rieselfelder ist auch die **zweimalige Benutzung** des Wassers in der Weise, daß das erste Sicker- oder Drainwasser auf unterhalb liegende Wiesen zur weiteren Oberflächenrieselung geleitet oder zur Speisung von Fischteichen benutzt wird, durch welche beiden Verfahren eine erhöhte Reinigung erzielt werden kann.

Jedenfalls darf den Rieselfeldern nicht fortgesetzt Schmutzwasser zugeleitet werden, sondern es muß nach Zuleitung einer bestimmten Menge desselben eine **Ruhepause** gewährt werden. Diese muß bei Oberflächenrieselung und einem nur mäßig durchlüfteten Boden von längerer Dauer sein als bei der Filtrationsrieselei (der gewöhnlichen Art der Berieselung) und bei einem gut durchlüfteten Boden. Im allgemeinen wählt man das Verhältnis von **Betriebsfläche** zur **Ruhefläche** für **Oberflächenberieselung** wie 1:5, für **Filtrationsberieselung** wie 1:3.

Als geeignetste **Kulturpflanzen** auf Rieselfeldern gelten allgemein Gräser (Raigras), Rüben, Kohl und sonstige Gemüsearten; Getreidearten und Kartoffeln sind nur dann zu empfehlen, wenn den Feldern nur mäßige mittlere Mengen Schmutzwasser zugeführt werden.

Statt der Reinigung der städtischen usw. Abwässer auf besonders angelegten Rieselfeldern in eigener Bewirtschaftung — die im allgemeinen als die zweckmäßigste angesehen wird — hat zuerst H. Gerson, später H. Nöbel vorgeschlagen, das städtische Abwasser durch Druckrohre einzelnen entfernt liegenden Gutswirtschaften zuzuleiten und hier durch **Schläuche** unter Verstäubung oder in sonstiger Weise (Schlauchberieselung) auf den Feldern und Wiesen zu verteilen. Da H. Nöbel das Verfahren 1897 in Eduardsfelde, wo er 25 000 cbm Abwässer der Stadt Posen jährlich abnimmt, eingeführt hat, so wird es auch „**Benöbelung**" oder „**Eduardfelder Verfahren**" oder auch

„Schlauchrieselung" genannt. Das Verfahren hat anscheinend bis jetzt keine weitere Anwendung gefunden[1]), verdient aber überall da die größte Beachtung, wo in der Nähe der Städte oder Fabriken keine geeignete und genügende Rieselfläche zu angemessenen Preisen zu haben ist. Denn die Schlauchrieselung auf entfernteren Gutswirtschaften erfordert nicht nur keine besondere Aptierung des Geländes, sondern gewährt auch zweifellos die höchste wirtschaftliche Ausnutzung dieser Art Abwässer. Auch würde sich das Verfahren in zahlreichen Fällen bei gegenseitigem Entgegenkommen zwischen Stadt und Land auf genossenschaftlichem Wege recht wohl durchführen lassen. Eine größere Reisstärkefabrik an der Grenze Westfalens war früher wegen Verunreinigung des Vorfluters in starker Bedrängnis, weil alle künstlichen Reinigungsmittel versagten. Seitdem sie aber das Abwasser an die umliegenden Wiesenbesitzer zur Berieselung abgibt und verteilt, sind die Beschwerden über die Verunreinigung des Vorfluters verstummt und die Landwirte sind mit der Einrichtung auch sehr zufrieden.

III. Die intermittierende Bodenfiltration.

Die intermittierende Bodenfiltration steht der Landberieselung dadurch nahe, daß für sie auch der gewachsene Boden verwendet wird; sie unterscheidet sich aber dadurch von dem Rieselbetrieb, daß sie den Boden nur als Filter für das Abwasser benutzt, dagegen jegliche Nutzung planmäßig ausschließt. Die intermittierende Bodenfiltration, ursprünglich von E. Frankland vorgeschlagen und in England versucht, wird jetzt vorwiegend in Nordamerika (besonders im Staate Massachussetts) ausgeübt. Wenn es hier nach einem Bericht von C. Henneking in „Mitteilungen aus der Königl. Prüfungsanstalt für Wasserversorgung und Abwässerreinigung" 1909. Heft 12, sich im allgemeinen bewährt und eine weite Verbreitung gefunden hat, so hat dieses in den eigenartigen amerikanischen Verhältnissen (Beschaffenheit der betreffenden städtischen Abwässer, der natürlichen Bodenarten und der Vorfluter) seinen Grund. Denn zunächst ist:

---

[1]) Die Stadt Osterode hat das Eduardsfelder Verfahren zwar geplant, scheint aber bei dem abnehmenden Landwirt bis jetzt noch auf Schwierigkeiten gestoßen zu sein.

1. das Abwasser der amerikanischen Städte, in denen dieses Verfahren mit Erfolg eingeführt ist, verdünnter, d. h. infolge des größeren Wasserverbrauchs nicht so stark verunreinigt, als durchweg in Deutschland. Der Wasserverbrauch beträgt in den größeren Städten durchschnittlich 570 l, in den kleineren 200 l für den Kopf und Tag, während er in Deutschland durchweg zu nur 100 bis 120 l angenommen werden kann.

Auch schließt das Abwasser in den amerikanischen Städten mit diesem Reinigungssystem nur wenig gewerbliche Abwässer ein.

2. Der Boden für die Filterbetten ist bzw. muß von eigenartiger Beschaffenheit sein. Am besten ist ein von organischen Stoffen freier poröser Sand und Kies von 0,04 bis 0,75 mm Korngröße und von einheitlicher Beschaffenheit in der ganzen Höhe, d. h. das ganze Bett muß in der Kubikeinheit annähernd die gleiche Anzahl Sandkörner der verschiedenen Größen enthalten. Lehmige Ober- oder Zwischenschichten sind zu entfernen. Die Filteroberfläche muß wagerecht sein oder eine geringe Neigung von 1 : 200 bis 1 : 500 haben, die Höhe der Filterschicht soll mindestens 1,20 m oder durchschnittlich 1,50 m betragen. Die hauptsächlichste Reinigung des Abwassers vollzieht sich in der oberen Schicht bis 60 und 90 cm Tiefe. Eine quadratische Form der Felder von 0,4 ha Flächeninhalt hat sich als die zweckmäßigste Anordnung erwiesen. Die Felder müssen so drainiert werden, daß eine schnelle Ableitung des durch das Filter gesickerten Abwassers gewährleistet ist, also durchweg um so stärker, je feinkörniger der Sand und Kies ist. Mit Hilfe einer guten Drainage läßt sich auch ein reiner feinerer Sandboden für die intermittierende Filtration verwenden; nur bedarf in solchen Fällen das Abwasser behufs Fernhaltung der Schwebestoffe einer besonderen Vorreinigung und einer vorherigen Durchlüftung.

3. Damit das Wasser eine stets gleiche Beschaffenheit besitzt, empfiehlt sich eine Kanalisation der Städte nach dem Trennsystem, d. h. eine getrennte Abführung auch des gewerblichen Abwassers mit dem Regenwasser.

4. Wenn dieses der Fall ist, ist ein Sandfang meistens unnötig, und statt des Rechens genügt ein schräg gestelltes einfaches Gitter aus Vierkanteisen mit etwa 2,0 bis 2,5 cm weitem Abstande, um die Sperrstoffe abzufangen.

5. Eine Vorreinigung ist bei grobkörnigem Kiessand und verdünntem Wasser kaum erforderlich; wo sie notwendig wird, empfehlen sich in erster Linie Absitzbecken und Faul-

kammern. Das **vorgereinigte** Wasser soll dann erst **künstlich durchlüftet** werden, bevor es auf die Filterbetten kommt. Die auf den Filtern sich etwa bildende Schlammschicht muß zeitweise entfernt werden. Eine **Nachbehandlung** des filtrierten Wassers macht sich hier kaum notwendig.

6. Die **Beschickung** findet vielfach jedesmal nach 2 bis 3 Tagen statt, die Versickerung dauert eine bis mehrere Stunden, so daß die **Ruhepausen** 1 bis 2 Tage betragen. Solche lange Ruhepausen werden aber in anderen Fällen nicht für notwendig gehalten; in der Versuchsanstalt in Lawrence beschickt man die Filter jeden Tag einmal, und werden in anderen Fällen Ruhepausen von einigen Stunden für ausreichend gehalten. E. **Frankland** beschickte ursprünglich 6 Stunden hindurch und ließ dann ebenso lange ruhen.

7. Im Durchschnitt können unter den angegebenen Voraussetzungen auf einem Hektar intermittierendem Filterbett täglich die Abwässer von 3100 Personen entsprechend einem Gesamtzufluß von 375 cbm — 120 l für den Kopf; in Amerika rechnet man 500 bis 1000 cbm für 1 ha — gereinigt werden, während bei dem Berliner Rieselfeld auf 1 ha die Abwässer von durchschnittlich nur 275 Personen entfallen. Die Bodenfiltration erfordert daher nur etwa $1/11$ der gesamten beim Rieselbetrieb erforderlichen Fläche. Dementsprechend stellen sich auch die **Kosten** der Reinigung niedriger; sie schwanken für 1000 cbm Abwasser zwischen 0,69 bis 24,60 Mk. und berechnen sich durchschnittlich zu nur 8,2 % der Kosten beim Rieselbetrieb.

8. Dagegen können die **reinigenden** Wirkungen der intermittierenden Bodenfiltration naturgemäß nicht so groß sein wie bei der Bodenberieselung; insonderheit sind die Mengen der gebildeten **Nitrate** beim Rieselbetrieb größer als bei der Bodenfiltration.

Im übrigen gleicht die intermittierende Bodenfiltration in ihrem Verlaufe wie Erfolge der Reinigung durch **biologische Körper**, nur mit dem Unterschiede, daß hier die Filter **künstlich aufgebaut werden**, während zur intermittierenden Bodenfiltration der natürlich gewachsene Boden Verwendung findet.

M. A. **Puech** will durch eine **fraktionierte Filtration** eine vollständigere Reinigung der Abwässer von **Schwebestoffen** erreichen, indem ähnlich wie bei den Rechen oder Sieben von verschiedener Lochweite ein System von groben bis zu feinen

Sandfiltern angewendet wird. Hierdurch soll der Raum für die Klärung wesentlich (von 80 auf 1 ha für 10000 cbm Abwasser) vermindert werden können. Die Filter müssen natürlich von Zeit zu Zeit gereinigt werden.

IV. Das künstliche biologische Verfahren.

Dasselbe steht seit etwa 15 Jahren im Vordergrunde der Wasserreinigungsverfahren; es wurde zuerst von Dibdin in England (1892) und von Schweder in Deutschland (1897) eingeführt und besteht im wesentlichen in der Oxydation der organischen Stoffe durch künstlich aus Koks, Schlacken und Kiessand aufgeschichteten Filtern, in denen die zur Zersetzung der organischen Stoffe notwendigen Mikroorganismen angesammelt werden, und welche gleichsam verdichtete Rieselfelder von großer Wirksamkeit bilden.

Wenn man auf ein aus grobkörnigem Koks, Schlacken und Kiessand bestehendes Filter wiederholt (4—5 mal) in mehrtägigen Ruhepausen ein fäulnisfähige Stoffe enthaltendes Wasser gibt und durchsickern läßt, so überziehen sich die Filterkörner mit einem schmierigem Belag, einem immer stärker werdenden Benetzungshäutchen, in welchem sich mikroskopisch eine große Anzahl von Bakterien und Kleinlebewesen nachweisen lassen. Gleichzeitig nehmen, wenn sich ein solches Benetzungshäutchen gebildet hat, die gelösten organischen Stoffe in dem Schmutzwasser ab, und wenn diese Abnahme 60 bis 65 Proz. erreicht hat und in dem Abwasser gleichzeitig Salpetersäure auftritt, so spricht man von der „Reife" des Filters, d. h. es ist dann bei richtiger Behandlung fähig, faulige und fäulnisfähige Wässer so zu oxydieren, daß sie nicht mehr der Fäulnis unterliegen.

Das Benetzungshäutchen hat, wie Dunbar des eingehenden nachweist, eine sehr große sowohl innere als äußere benetzbare Oberfläche und adsorbiert nicht nur gelöste organische Stoffe, wie Farb- und Geruchstoffe, Eiweiß, Enzyme, Gerbstoffe, Bitterstoffe, Harze usw., sondern auch sehr große Mengen Gase (Sauerstoff und Kohlensäure). Neben und in der kolloidalen Masse sowie in den Koksstücken finden sich nach den Untersuchungen von Kolkwitz nebeneinander eine Reihe verschiedener Bakterien, Schimmel- und Hefepilze, dann aber auch tierische Kleinwesen (Schizopoden, Flagellaten, Ciliaten, Rotatorien, Würmer und vor allem sehr häufig Fliegen und Larven von Psychoda phalaenoides (Schmetterlingsmücke), die durch ihr massenhaftes Auftreten und durch Verwehen unter Umständen die Umgebung stark belästigen kann.

Die von den Kolloiden adsorbierten organischen Stoffe werden durch die pflanzlichen Kleinwesen mit Hilfe des Sauerstoffs oxydiert; aber nur der **adsorbierte**, nicht der **freie**, in den Filterporen vorhandene Sauerstoff wird zur Oxydation verwendet. Der in den Abwässern enthaltene **Schwefel** wird vollständig zu Schwefelsäure, der **gebundene Stickstoff** wird zum Teil (etwa 20 Proz.) zu Salpetersäure oxydiert, ein Teil des gebundenen Stickstoffs verbleibt in dem Benetzungshäutchen bzw. der Filtermasse, ein Teil geht in Form von Ammoniak (etwa 10 Proz.) und organischen Stickstoffverbindungen (rund 25 Proz.) in das Sickerwasser über, ein Teil entweicht auch infolge der Reduktion der Salpetersäure zu freiem Stickstoff gasförmig in die Luft. Letzteres ist auch mit der gebildeten Kohlensäure der Fall, wenn sie nicht durch das Benetzungshäutchen adsorbiert und durch etwa in dem Filterkörper vorhandene Basen wie Kalk und Magnesia gebunden wird. Der Sauerstoffgehalt der Filterluft ist in den oberen Schichten naturgemäß höher als in den unteren, während sich die Kohlensäure umgekehrt verhält; die Salpetersäure bildet sich vorwiegend in den oberen Schichten. Auch die **Freßtätigkeit** der höheren Organismen, besonders der Psychodalarven, spielt für die Beseitigung der organischen Stoffe eine gewisse Rolle. Wir haben es daher in den Filtern gerade wie im Boden einerseits mit einer durch das Benetzungshäutchen bzw. die organischen Kolloide bewirkten **Adsorption** bzw. **Resorption**, andererseits mit einer nachfolgenden durch Bakterien und sonstige verschiedene Kleinlebewesen bewirkten **Oxydation** zu tun; Adsorption bzw. Resorption und Oxydation können durch eine gleichzeitig vorhandene Ferrihydroxydschicht unterstützt werden und äußern sich in Filterkörpern aus Koks, ferner in den oberen Schichten schneller und ausgiebiger als in solchen aus Kies bzw. in den unteren Schichten. Die Ausscheidung bzw. Vernichtung der fäulnisfähigen organischen Stoffe erfolgt **nicht allmählich**, sondern **plötzlich**, was sich am einfachsten dadurch erklären läßt, daß die Stoffe erst adsorbiert und nach der Adsorption erst durch die Mikroben oxydiert werden, die hierbei vielleicht **symbiotisch** in der Weise wirken, daß die Wirkung der einen Art von der der anderen Art beeinflußt wird.

Sollen die Oxydationskörper ihre Wirkung behalten, so sind Ruhepausen, in denen sie sich wieder mit Luft sättigen können, unumgänglich nötig. Bei fortgesetzter völliger Durchtränkung der Filterkörper tritt auch hier wie bei der Landberieselung eine Wirkungslosigkeit (Insuffizienz) ein.

Da in den Oxydationskörpern vorwiegend nur gelöste Stoffe zersetzt werden können, so empfiehlt es sich für eine gute und lange Wirksamkeit der Oxydationskörper von selbst, die hierin zu behandelnden Abwässer einer Vorreinigung zu unterziehen. Auch müssen naturgemäß alle Stoffe vorher entfernt werden, welche den biologischen Vorgang beeinträchtigten oder gar völlig aufheben.

Gehen wir nach diesen allgemeinen Bemerkungen über das Wesen der künstlichen biologischen Reinigung etwas näher auf die praktische Ausführung ein, so verdient dabei:

1. der Aufbau der Oxydationskörper in erster Linie eine Berücksichtigung. Man unterscheidet jetzt zwei Arten biologischer Körper, nämlich Füllkörper und Tropfkörper.

Unter Füllkörpern versteht man Oxydationsfilter, die zeitweise ganz mit dem Schmutzwasser gefüllt und, nach mehrstündigem Verweilen des letzteren darin, entleert werden, wodurch auch gleichzeitig Luft behufs Regeneration nachgesaugt wird.

Bei den Tropfkörpern dagegen wird das Schmutzwasser stetig und tropfenweise zugeführt, gleichzeitig aber auch fortgesetzt Luft eingesaugt. Infolge dieser verschiedenen Behandlungsweise muß auch die Art des Aufbaues der Oxydationskörper verschieden sein.

Zum Aufbau der Oxydationskörper können die verschiedenartigsten Stoffe verwendet werden; sie müssen neben Rauhigkeit und Zackigkeit eine große Härte und Widerstandsfähigkeit gegen die Einflüsse des Wetters und des Abwassers besitzen. Am meisten werden Schmelz- und Gaskoks, sowie Schlacken (auch Müllverbrennungsschlacke) verwendet; — Kesselrotschlacke mit zu hohem Eisengehalt ist nicht geeignet —; für Kies dagegen ist ein gewisser Eisenoxydbelag günstig; auch Ziegelsteinbrocken können Verwendung finden; Dibdin verwendet in Füllkörpern auch Schieferplatten bzw. Schieferabfälle, um die Vorreinigung in Faulkammern behufs Abscheidung von Schwebestoffen zu umgehen. Die sonstigen Verhältnisse für den Aufbau erhellen aus folgenden Zahlen:

	Füllkörper		Tropfkörper
Für hauptsächlich häusliches Abwasser:	einstufig	zweistufig	
		1. Stufe 2. Stufe	
1. Korngröße der Füllung	3—8 mm	12—50 mm 3—12 mm	15—75 mm
2. Höhe der Körper	0,5—1,5 m		1,5—2,5 m
3. Zulässige Belastung für 1 cbm Körpermasse	0,6—0,7 cbm Abwasser bei zweimaliger täglicher Füllung	0,5 cbm Abwasser bei dreimaliger täglicher Füllung	Bis zu 1 cbm Abwasser
4. Dauer des Vollstehens . . 2—4 Stunden des Leerstehens . . 4—6 „			Ununterbrochen, aber zweckmäßig mit kleinen Ruhepausen

Die Reifung der Körper nimmt je nach dem Abwasser zwei Wochen bis sechs Monate in Anspruch; die Dauer der Betriebsfähigkeit ist ebenfalls je nach dem Gehalt des Abwassers an Schwebestoffen sehr verschieden. Die Undurchlässigkeit tritt bei Füllkörpern naturgemäß schneller ein als bei Tropfkörpern. Die Ansicht, daß die Oxydationskörper unbegrenzt wirkungsfähig bleiben, oder daß sie sich, wie z. B. Füllkörper, durch längere Außerbetriebsetzung infolge eintretender Fäulnis und Oxydation mit nachfolgendem Auslaugen regenerieren lassen, hat sich, wenn nicht ein von ungelösten Stoffen freies Wasser bei Tropfkörpern angewendet wird, als nicht richtig erwiesen. Wenn die Filterkörper durch zu starke Galleteeinlagerung usw. undurchlässig geworden sind, so müssen sie auseinandergenommen und entweder wie die bekannten Sandfilter bei Wasserversorgungsanlagen durch starke Spülung gereinigt und wieder neu aufgebaut werden, oder sie können, wenn Koks zum Aufbau verwendet worden ist, nach dem Abtrocknen verbrannt und durch neues Material wieder ersetzt werden.

Die biologischen Körper können in und auf dem Erdboden aufgebaut werden; in letzterem Falle müssen dieselben so mit Mauerwerk umgeben werden, daß sie im Winter nicht einfrieren, sondern eine tunlichst gleichmäßige Temperatur behalten, die für den regelrechten Verlauf des biologischen Vorganges von größter Bedeutung ist[1]). Bei Füllkörpern müssen natürlich die Sohle wie die Seitenwände wasserdicht (aus Beton)

---

[1]) In Gegenden mit hoher Winterkälte müssen womöglich die ganzen biologischen Körper überbaut werden.

sein. Beim Einbau der Füllkörper in den Boden kann die wasserdichte Sohle wegfallen, wenn der Untergrund für Wasser undurchlässig ist. Die Füllkörper werden meist rechteckig (bis zu 50 bis 60 m Seitenlänge), die Tropfkörper außerdem bei Drehsprengern achteckig und kreisrund angelegt. Stets muß für eine leichte und gute Entwässerung gesorgt werden.

Die Verteilung des Abwassers geschieht bei den Füllkörpern meistens in einfacher Weise durch Rinnen oder Gräben, weil bei ihnen eine gleichmäßige Verteilung weniger von Belang ist als eine tunlichst schnelle Füllung. Bei den Tropfkörpern spielt dagegen die gleichmäßige Verteilung des Wassers mit wechselnden kleinen Zwischenpausen eine wesentliche Rolle. Deshalb findet man hierfür eine ganze Anzahl von Vorrichtungen eingeführt. Bald verteilt man das Wasser durch festsitzende, durchlochte Rinnen oder Streudüsen der verschiedensten Art, bald durch bewegliche Drehsprenger von der mannigfaltigsten Einrichtung, bald durch Kipprinnen. Dunbar bewirkt die gleichmäßige Verteilung durch eine Deckschicht von feinkörnigem Rohstoff und durch darunter liegende Übergangsschichten mit wechselnder Korngröße bis zum eigentlichen Tropfkörper. Die etwa vorhandenen Schwebestoffe lagern sich auf der Deckschicht ab und müssen in ähnlicher Weise wie die Filterhaut bei Sandfiltern von Zeit zu Zeit durch Schaufeln sorgfältig entfernt werden; behufs gleichmäßiger Verteilung des Wassers muß die Deckschicht genau wagerecht angelegt sein. Die Deckschicht kann aber leicht den Luftzutritt zu dem Tropfkörper beeinträchtigen und bewirkt auch eine geringere Leistungsfähigkeit des Tropfkörpers gegenüber Beschickungsweisen durch Sprengvorrichtungen.

Im allgemeinen werden die Tropfkörper wegen ihrer größeren Leistungsfähigkeit und der weniger schnellen Verschlammung in der letzten Zeit den Füllkörpern vorgezogen, obschon auch letztere manche Vorzüge haben, nämlich: einfache Wasserverteilung auf die Körper, geringe Geruchsbelästigung und Fliegenplage sowie wenig Schwebestoffe im Abfluß, so daß eine Nachbehandlung des Abflusses weniger oft erforderlich ist als bei Tropfkörpern.

2. Die Vorreinigung bzw. Vorbehandlung des Abwassers. Da in den biologischen Körpern vorwiegend nur gelöste Stoffe oxydiert werden, die ungelösten (Schwebe-)Stoffe,

wenn sie in die Körper gelangen, erst aufgeschlossen werden müssen, so ist es für die Höhe wie Dauer der Wirksamkeit der Filterkörper von größtem Belang, daß die unlöslichen Schwebestoffe vor Aufbringung auf die biologischen Körper tunlichst aus dem Abwasser entfernt werden; dieses pflegt zu geschehen:

a) durch Faulkammern. Man leitet das Abwasser in geschlossene Behälter, die den 0,25 bis 3,0 fachen Raum besitzen, als die tägliche Abwassermenge beträgt, und ruft hierin eine starke Fäulnis hervor, die von dem eingelagerten Schlamm übertragen wird, falls das Abwasser nicht schon an sich faulig ist. Hierdurch werden die ungelösten organischen Stoffe vorwiegend durch anaerobe Bakterien aufgeschlossen, gelöst und zum Teil als Methan, Wasserstoff und freier Stickstoff vergast. Auf diese Weise kann eine weitergehendere Reinigung der fäulnisfähigen Abwässer erzielt werden als ohne solche Vorbehandlung; zweckmäßig nur ist es, daß man das gefaulte und geklärte Wasser vor Aufbringung auf die biologischen Körper tunlichst stark lüftet, um es einerseits von flüchtigen Fäulnisstoffen (wie Schwefelwasserstoff und Ammoniak) zu befreien, andererseits mit Luftsauerstoff wieder anzureichern und so die Wirkung der Oxydationskörper zu erhöhen. Eine vollständige Verflüssigung bzw. Lösung der unlöslichen organischen Stoffe, wie anfänglich behauptet worden ist, wird aber kaum jemals erreicht. Der in den Faulkammern verbleibende Schlamm wird zwar immer wasserärmer — der Wassergehalt geht bei längerem (zweijährigem) Betriebe von 90 bis 95 % auf 80 bis 85 % herunter — aber er muß zeitweise entfernt werden; indes ist die erzielte Schlammmenge bei Anwendung von Faulkammern geringer als bei Entschlammung durch einfache Absitzbecken oder chemische Fällungsmittel.

Die Einarbeitung (Ausreifung) der Faulkammern, die dadurch unterstützt werden kann, daß man das Abwasser darin anfänglich mehrere Tage stehen läßt, nimmt je nach der Beschaffenheit des Abwassers Wochen bis Monate (etwa vier) in Anspruch, die Wirkungsdauer kann mehrere Jahre betragen. Da die Fäulnis bei höheren Temperaturen (15 bis 30°) stärker und schneller verläuft als bei niedrigen Temperaturen, so ist es selbstverständlich von Belang, daß die Faulkammern durch Umfassungsmauern und Bedachung tunlichst vor Wärmeabstrahlung und Temperaturschwankungen geschützt werden. Die Geruchsbelästigungen müssen nötigenfalls durch Abzugsschlote beseitigt werden, wobei zuweilen brennbare Gase wie Wasserstoff und Methan — unter Umständen 0,06 cbm auf 1 cbm Abwasser — gewonnen werden können.

b) **Vorreinigung durch offene Absitzbecken.** Bei großen Mengen Abwasser kann die Vorreinigung je nach seiner Beschaffenheit auch in offenen Absitzbecken oder in Tiefbrunnen vorgenommen werden, wobei die Durchflußgeschwindigkeit, um alle organischen Stoffe zur Abscheidung zu bringen, durchweg bis zu 4 mm in der Sekunde beträgt. Rechen zur Beseitigung der Schwebestoffe genügen in der Regel nicht, höchstens bei Tropfkörpern, bei denen dann die oben gebildete Schlickschicht öfters entfernt werden muß.

c) **Vorreinigung durch chemische Zusätze.** Bei gehaltreichen, besonders bei Einschluß von manchen gewerblichen Abwässern, z. B. bei **fett-** und **seifenhaltigen** Fabrikabflüssen, bei vorhandenen **Textil-** und **Zellulosefasern**, **Gerberei-** und **Brauerei**abwässern, bei **metallsalzhaltigen** und **sauren** Abwässern müssen die störenden Stoffe vorher durch chemische und mechanische Hülfsmittel entfernt werden. **Gehaltreiche** Wasser müssen außerdem vor der Behandlung in dem Oxydationskörper eine entsprechende Verdünnung erfahren.

Als **Chemikalien** werden in erster Linie Ferrisalze und Kalk, weiter Aluminiumsulfat (28 g für 1 cbm) und Kalk (85 bis 115 g für 1 cbm Abwasser) und auch Kalk allein als die billigsten Klärmittel empfohlen. Alkalische Abwässer müssen durch Säure, saure durch Kalk neutralisiert werden und empfiehlt sich bei vielen chemisch geklärten Abwässern noch ein Nachfaulenlassen, bevor sie auf die biologischen Körper geleitet werden. Unter Umständen kann nach Rideal der Zusatz von Calciumhypochlorit (8 %ig) zu dem geklärten Abwasser die Oxydationswirkung der biologischen Körper unterstützen, dagegen die Bildung von Algen verhindern. Letztere treten bei **nitratreichen** Abflüssen von den Oxydationskörpern in den Vorflutern besonders oft und stark auf. In Belfast hat man gefunden, daß man das Nitrat durch Denitrifikation zerstören und damit das Algenwachstum verhindern kann, wenn man das Abwasser von den biologischen Körpern mit dem aus dem Faulraum vereinigt oder eine Kombination von Tropfkörpern-Füllkörpern anwendet, in welchen letzteren eine stärkere Denitrifikation Platz zu greifen pflegt.

Im einzelnen möge über die biologische Behandlung **gewerblicher** Abwässer noch folgendes bemerkt werden[1]):

a) **Schlachthausabwasser.** Das Schlachthausabwasser enthält Blut vom Spülen her — das direkt abgelassene Blut wird durchweg als solches verwendet oder eingetrocknet — Harn, Fleisch- und Fettstücke, Futterreste, Kot und Darminhalt usw.; es ist daher sehr gehaltreich und muß zunächst von ungelösten organischen Stoffen befreit werden, wozu man neben einfachen Klärbecken vielfach auch Klärtürme — vgl. weiter unten S. 42 — anwendet. Das geklärte Wasser erhält dann zweckmäßig einen Zusatz von Ferro- (oder Aluminium-) Sulfat, wenn notwendig unter Zusatz von etwas Kalk, und wird weiter in Absitzbecken von dem Niederschlage befreit. Das so gereinigte Wasser wird dann am zweckmäßigsten mit dem häuslichen Abwasser vereinigt und wie dieses nach dem Riesel- oder biologischen Verfahren weiter behandelt. Soll es allein nach letzterem Verfahren behandelt werden, so wird es durchweg eine Verdünnung erfahren müssen.

b) **Molkereiabwasser.** Das Spülwasser aus Molkereien bzw. Käsereien und auch aus Margarinefabriken enthält die sämtlichen Milchbestandteile in wechselnden Mengen und kann in derselben Weise wie das Abwasser aus Schlachthäusern durch Fällen mit Ferrosulfat — auch sauren Silikaten — und Kalk vorgereinigt werden, wenn es nicht etwa mit häuslichem Abwasser vereinigt werden kann und dadurch eine genügende Verdünnung erfährt. Sind die Abwässer nicht sehr gehaltreich, sondern durch Kühl- und Kondenswasser genügend verdünnt, so können sie nach **Dunbar** auch direkt nach dem biologischen Verfahren, und zwar am erfolgreichsten auf **Tropfkörpern** mit kontinuierlichem Betriebe gereinigt werden. **Calmette** hält die vorherige Entfernung des Fettes für notwendig. **Barbour** will durch einfache intermittierende Sandfiltration der nicht sauren und fettarmen Molkereiabwässer (25 Liter auf 1 qm Filterfläche bei 1,2 m Tiefe) eine genügende Reinigung erzielt haben[2]).

---

[1]) Hierbei sind wie schon vorher die von **Bredtschneider** und **Thumm** in Heft 3 und von A. **Schiele** in Heft 11 der Mitteilungen der Kgl. Prüfungsanstalt für Wasserversorgung und Abwasserbeseitigung besprochenen Verhältnisse und gemachten Beobachtungen in England mit berücksichtigt worden.

[2]) A. E. **Kimberley** behauptet, daß unter gewissen Bedingungen von einer Reinigung des Molkereiabwassers abgesehen werden kann, wenn die Wasserführung des Vorfluters **dreißigmal** größer ist als die Menge des abzuleitenden Abwassers.

c) **Abwasser aus Gerbereien und Lederfabriken.** Dasselbe setzt sich ausammen aus dem Wasch- und Einweichwasser der Häute, den Äscher- und Kalkwässern vom Enthaaren der Haut, den beim Entkalken und Schwellen anfallenden Beizwässern und den Loh- und Gerbbrühen. Wenn mit den Gerbereien Lederverarbeitungsfabriken verbunden sind, so können zu diesen Arten Abwässern auch noch Farbstoffwässer hinzutreten. Hierzu können noch Chrom- und Arsenverbindungen kommen. Da die Abwässer durch die Äscherwässer meistens schon genügend Kalk enthalten, so bedarf es durchweg nur noch eines Zusatzes von Eisenvitriol oder Eisenalaun, um sie in Absitzbecken genügend vorklären zu können — und auch von schädlichen Metallverbindungen zu befreien —. Die Farbwässer können unter Umständen durch die verbrauchte Lohe zum Teil entfärbt werden. Das so vorgereinigte Abwasser wird dann am zweckmäßigsten verrieselt; für sich allein läßt es sich nach Horn nicht mit Erfolg biologisch reinigen, wohl aber, wenn es bis zu 15 Proz. dem häuslichen Abwasser beigemengt wird und das gesamte Abwasser vorher einen Faulraum durchläuft.

Bei den Gebereiabwässern ist auch besonders auf die Entfernung von etwaigen **Milzbrandsporen** zu achten.

d) **Abwasser aus Bierbrauereien.** Es setzt sich im allgemeinen aus dem Einweichwasser von Gerste, aus dem Spül- und Schwankwasser der Bierfässer, Gärbottiche und Lagerfässer, aus dem Abwasser von den Trebern und vom Hopfen, sowie vom Reinigen der Hefe zusammen. Die gesamte Abwassermenge wird auf 3 bis 6 hl für 1 hl erzeugtes Bier geschätzt. Das Abwasser schließt Hefe und Bakterien aller Art in sich und neigt sehr zur Bildung von **organischen Säuren** (Milchsäure-, Butter- und Essigsäure), die die biologische Reinigung stören [1]. Am besten werden diese Abwässer durch Landberieselung gereinigt. Wenn sie nur bis zu 3 bis 5 Proz. dem häuslichen Abwasser beigemengt sind, können sie mit diesem nach der Vorreinigung in Faulräumen auch unbeschadet auf biologischen Körpern — am besten Tropfkörpern — gereinigt werden. Bei größeren Mengen oder wenn sie für sich allein nach letzterem Verfahren gereinigt werden sollen, bedürfen

---

[1] Aus diesem Grunde kann die **direkte Einführung** des Abwassers aus **Sauerkrautfabriken** in die städtischen Kanäle unter Umständen die biologische Reinigung des städtichen Abwassers beeinträchtigen.

sie einer Vorbehandlung mit Chemikalien (Kalk zur Abstumpfung der Säuren und weiter auch Zusatz von Eisenalaun) und einer Klärung im Absitzbecken.

e) **Abwasser aus Brennereien und Hefefabriken.** Diese Abwässer bestehen aus dem Hefepreßwasser, dem abgebrannten Würzewasser, den Spülwässern und anderen. Lästig sind vorwiegend nur die beiden ersten Abwässer; besonders das Würzewasser enthält bis 4,5 g gelöste und Schwebestoffe für 1 Liter, so daß es erst nach einer Vorreinigung wie bei Brauereiabwasser und nach sehr starker Verdünnung für die Landberieselung und die künstliche biologische Reinigung geeignet ist. In letzterem Falle ist auch eine zweistufige Anlage zur genügenden Reinigung erforderlich. Würde das Würzewasser bzw. das Schlempewasser für sich allein, etwa durch Eindampfen, unschädlich gemacht und zur Fütterung verwendet, so würden die übrigen Abwässer keine oder nur geringe Schwierigkeiten zur genügenden Reinigung bieten.

f) **Abwasser aus Stärkefabriken.** Dieses ist je nach der Art des verwendeten Rohstoffs verschieden; das Abwasser aus **Weizenstärkefabriken** schließt ein das Einweichwasser, das Sauerwasser und das Kleberwasser; es neigt sehr zur **sauren Gärung** und Fäulnis und wird am besten durch Landberieselung gereinigt. Bei der Reinigung durch biologische Körper, wovon **zweistufige** erforderlich sind, muß es wie das Brennerei- und Brauereiabwasser vorbehandelt werden.

Das Abwasser aus **Reis- und Maisstärkefabriken** enthält, von der Aufschließung herrührend, durchweg etwas freies Alkali (Natron) oder bei Maisstärkefabriken auch je nach der Aufschließung etwas freie schweflige Säure. Am erfolgreichsten erweist sich für die Reinigung auch hier die Landberieselung (vgl. S. 14).

Weiter als diese sind bei uns die **Kartoffelstärkefabriken** verbreitet. Hierbei entstehen an Abwässern — auf 600 Zentner verarbeitete Kartoffeln 150 bis 200 cbm — Kartoffelwaschwasser, Fruchtwasser, Stärkewaschwasser und Abwasser aus den Pülpegruben. Das Kartoffelwaschwasser wird meistens ohne Vorbehandlung abgeleitet, die übrigen Abwässer gelangen dagegen zusammen in Absitzbecken. Hier unterliegen sie der **sauren Gärung** (bis 818 mg Säure = Milchsäure in 1 Liter). C. Zahn hat nachgewiesen, daß die Abwässer nach der Neutralisation des Wassers selbst oder dadurch, daß in die biologischen Körper Marmorgruß zwischen gelagert wird, oder dadurch, daß man saures

Abwasser mit gefaultem, alkalisch reagierendem vermischt, eine weit bessere Reinigung erzielt wird, als mit stark saurem Wasser. Das **Füllverfahren** hat sich hier besser bewährt als das Tropfverfahren; feine Schlacke und Sand — beide tunlichst eisenfrei — bewährten sich am besten. Indes faulte bei einer Abnahme von 80 Proz. der gelösten organischen Stoffe das Abwasser von den biologischen Körpern noch nach, so daß die Ergebnisse für häusliches Abwasser nicht ohne weiteres auf gewerbliche Abwässer übertragen werden dürfen.

g) **Abwasser aus Zuckerfabriken.** Das Abwasser der Zuckerfabriken ist je nach dem Betrieb sehr verschieden und besteht unter anderem aus dem Rübenwaschwasser, Diffusions- und Preßwasser und eventuell Knochenkohlenwaschwasser. A. Calmette hat gefunden, daß die Diffusionswässer, wenn sie um etwa 75 bis 100 Proz. mit dem in Absitzbecken gereinigtem Rübenwaschwasser verdünnt und dann unter Zurückhaltung der Pülpe auf einen 2 m hohen Tropfkörper — 1 cbm Abwasser für 1 qm Körperoberfläche — geleitet werden, eine genügende Reinigung erfahren, d. h. fäulnisunfähige Beschaffenheit annehmen. Über die getrennte Reinigung dieses Abwassers vgl. weiter unten S. 38.

h) **Abwasser aus Bleichereien.** Dasselbe wird aus den alkalischen Kocherlaugen, der chlorkalkhaltigen Bleichflüssigkeit, den säurehaltigen Abwässern sowie den Spül- und Waschwässern gebildet. Am schlimmsten sind die alkalischen Kocherlaugen. Sie werden vereinzelt für sich mit Kalk versetzt und die erzielte Alkalilauge wird aufs neue zum Kochen verwendet. Man kann die alkalischen und sauren Abwässer auch zusammenleiten, die anderen Abwässer — auch die von etwa gleichzeitig vorhandenen Färbereien — ebenfalls zufließen und in Klärbecken absitzen lassen. Das geklärte Abwasser kann dann auf biologischen Tropfkörpern weiter gereinigt werden. Bei Einleitung des Abwassers in die städtischen Kanäle erfährt es meistens nur eine Vorreinigung durch Absitzbecken und kann dann mit dem städtischen Abwasser, wenn es nur 25 Proz. des letzteren beträgt, gleichzeitig nach einer Vorrreinigung in Faulräumen oder durch chemische Fällungsmittel biologisch gereinigt werden.

i) **Abwasser aus Färbereien und Zeugdruckereien.** Es ist aus den abgelassenen **Beiz-** und **Farbbädern** sowie den Spülwässern zusammengesetzt. Zum Beizen werden Aluminium-, Ferri- und Zinnsalze verwendet, während die zur Verwendung gelangenden Farben zahlreich sind. Die absolute Menge der in letzteren Abwässern vorhandenen gelösten und ungelösten Stoffe ist durchweg nur gering oder doch bei weitem nicht so groß, als es nach der Färbung aussieht. Die Farbwässer lassen sich, selbst nach Vorklärung mit Chemikalien auf biologischem Wege, sei es durch Landberieselung, sei es in künstlichen Oxydationskörpern, nur in beschränktem Maße und kaum vollständig reinigen. Die Reinigung ist durchweg um so schwieriger, je waschechter die Farben sind. In einigen Fällen hat man durch Zusatz von Chemikalien (Kalk, Soda, Eisenalaun), Absitzenlassen und Filtration durch Bell-Filter zufriedenstellende Erfolge erzielt. In anderen Fällen mag auch die Mitverwendung von organischen Fasern (gebrauchter Lohe, Sägemehl) die Entfärbung mit unterstützen können. Die durch die stille elektrische Entladung ozonisierte Luft vermag zwar nach den Versuchen in der Kgl. Prüfungsanstalt die meisten Farbstoffe zu oxydieren und die Farbwässer zu entfärben, aber die Gesamtkosten (22 bis 24 Pfennige für 1 cbm nach einem Laboratoriumsversuch) lassen das Verfahren kaum anwendbar erscheinen.

k) **Abwasser aus Papierfabriken.** Zur Papierfabrikation dienen Lumpen, Hanf, Jute, Espartogras, Stroh- und Holzstoff (Sulfitzellulose). Wenn die Art der Verarbeitung dieser Stoffe auch verschieden ist, so ist doch das Hauptabwasser, das alkalische Abwasser aus den Kochern, bei allen mehr oder weniger gleich; hierzu gesellt sich weiter das Wasser vom Spülen und Waschen der Rohstoffe, nach dem Kochen und aus den Holländern, das chlor- und säurehaltige Abwasser vom Bleichen, das Abwasser von den Papiermaschinen und vom Färben (bei der Herstellung farbiger Stoffe).

Bei Anwendung von Soda werden die Kocherlaugen wohl eingedampft und aus dem Glührückstande kalzinierte Soda wiedergewonnen. In anderen Fällen leitet man die Abwässer zusammen in eine Absitzgrube und benutzt den Bodensatz, wenn er viele reine Faserstoffe enthält, wieder im Betriebe oder bringt ihn, wenn ersteres nicht möglich ist, auf Ländereien. (Über die besonderen Vorrichtungen zum Auffangen der Fasern vgl. weiter unten S. 33.) Die in Absitzbecken vorgereinigten Abwässer können dann durch Filtration oder durch Landberieselung oder auch mit häuslichem Abwasser zusammen, wenn sie nur etwa 15 bis 20 Proz. desselben betragen, auf Tropfkörpern weiter gereinigt werden.

l) **Abwasser aus Wollwäschereien, -kämmereien, Appretur- und Tuchfabriken.** Aus der Vorwäsche dieser Fabriken (besonders der Wollwäschereien) wird ein Wasser erhalten, das reich an organischen Kalisalzen ist und auf Pottasche verarbeitet werden kann. Die weiteren Wollwaschlaugen sind stark seifenhaltig. Diese Wässer werden erst in Vorklärbecken oder durch Siebe oder durch Rechen von den feinen Fasern befreit, gelangen dann in große Absitzbecken, worin sie mit Schwefelsäure versetzt und längere Zeit behufs Ausscheidung des fettreichen Schlammes stehen gelassen werden. Der fettreiche Schlamm wird nach weiterem Zusatz von Schwefelsäure auf 100^0 erhitzt und heiß gepreßt, wodurch ihm der größte Teil des Fettes entzogen wird; jedoch verbleiben etwa 25 Proz. in dem Preßschlamm, die hiervon auf andere Weise (vgl. weiter unten S. 48) befreit werden müssen. Statt der Schwefelsäure allein werden zum Fällen des Fettes auch diese und Eisenalaune, letztere für sich allein, ferner Kalk, Kalk und Eisenvitriol verwendet. Das so vorgereinigte Wasser dient dann für sich oder gleichzeitig mit häuslichem Abwasser, von dem es bis 50 Proz. ausmachen kann, behufs weiterer Reinigung zur Landberieselung oder zur Behandlung auf Tropfkörpern oder zweistufigen Füllkörpern oder auch zur unterbrochenen Bodenfiltration. Die geringe Menge freier Schwefelsäure soll für die biologische Reinigung nicht schädlich wirken.

Man sieht hieraus, daß, wenn auch in vielen Fällen die gewerblichen Abwässer die biologische Reinigung beeinträchtigen oder verzögern, doch in ebenso vielen Fällen nach geeigneter Vorbehandlung die Reinigung von häuslichem Abwasser mit Einschluß der gewerblichen Abwässer durch Landberieselung oder biologische Körper nicht unmöglich gemacht wird. Ja, es wird sogar behauptet, daß selbst das für Pflanzen wie Tiere giftige Abwasser von der Ammoniakgewinnung aus Gaswasser und Kokereigasen die biologische Reinigung nicht stören soll, wenn es nur etwa 8 Proz. des häuslichen Abwassers ausmacht[1]).

---

[1]) Nach anderen Berichten muß indes das Abwasser der Gasanstalten noch stärker verdünnt oder der biologische Körper muß sehr wenig belastet werden. Radcliffe pumpt das Abwasser auf einen Fraktionierapparat, rieselt über Platten herab und bläst von unten ein Gemich von kohlensäurehaltigen heißen Abgasen und Luft ein. Hierdurch wird der freie wie gebundene Kalk in Carbonat übergeführt, das man in Absitzbecken sich abscheiden läßt. Die Flüssigkeit wird dann nochmals auf einen Fraktionierapparat gedrückt, indem gleichzeitig ein starker Luftstrom durchgetrieben wird; hierdurch sollen die Phenole und ähnliche flüchtige Stoffe ausgetrieben und in einer

3. **Nachbehandlung des biologisch gereinigten Abwassers.** Das in biologischen Körpern, besonders das in Tropfkörpern gereinigte Wasser besitzt vielfach β-mesosaproben Charakter (S. 8) und bedarf meistens noch einer Nachreinigung, um einerseits noch vorhandene Schwebstoffe, andererseits größere Mengen Ammoniaksalze und Nitrate, die in den Vorflutern Verunkrautungen und Verpilzungen verursachen können, zu beseitigen.

Bei Vorflutern mit gereinigten Wassermengen soll das Abwasser a) nicht mehr als 30 mg Schwebestoffe für 1 l enthalten, b) bei Bebrütung nicht nachfaulen, c) nach Filtration binnen fünf Tagen nicht mehr als 1,5 Gewichtsteile des in Lösung befindlichen Sauerstoffs verzehren. Bei günstigeren Vorflutverhältnissen können nach der Königl. Englischen Kommission diese Anforderungen herabgesetzt werden.

Die Nachbehandlung wird am zweckmäßigsten durch **Berieselung auf Land** vorgenommen, wobei man für städtische Abwässer auf 1 ha Land das Abwasser von 2500 Einwohnern, also bedeutend mehr als bei ausschließlicher Landberieselung rechnet. Wo auch solche geringe Landfläche nicht zu haben ist, da wendet man **Sandfilter** bzw. **Füllkörper** mit Filtermaterial von kleiner Korngröße oder **Klärbrunnen** bzw. **Klärteiche** an, in welchen letzteren das Wasser entweder versickert oder die als **Fischteiche** eingerichtet werden, wodurch eine teilweise sinngemäße Verwertung der Stoffe stattfindet. Man rechnet auf 1 cbm Filter $^1/_2$ bis 1 cbm gereinigtes Abwasser. In anderen Fällen wendet man auch die sog. **Bellfilter** an, die sich in durchlochten Stahlbehältern befinden und aus Silbersand bestehen, durch den das Wasser unter Druck gepreßt wird. Letzterer muß um so höher sein, je geringer die Filterdurchlässigkeit ist; die Reinigung dieser Filter erfolgt durch **Rückspülung** von unten nach oben.

Aus vorstehenden Ausführungen erhellt, daß das künstliche biologische Reinigungsverfahren jetzt in hohem Maße ausgebildet ist. Immerhin bedeutet dasselbe eine Verschwendung von Stoff und Kraft. Wenn sich auch für viele Städte die biologische

---

Feuerung verbrannt werden können. Die Rhodanverbindungen sollen durch Schwefelsäure zerlegt und das Wasser soll nach Durchlaufen eines weiteren Absitzbeckens und nach Filtration durch Koks genügend gereinigt werden. Angeblich ist das Verfahren in St. Albans (England) eingeführt.

Reinigung in Filterkörpern für den Kopf der Bevölkerung billiger stellen mag als bei der Landberieselung, so ist doch zu berücksichtigen, daß bei der Landberieselung ein wirtschaftlicher Gewinn erzielt wird, während dieser bei der künstlichen biologischen Reinigung nur unerheblich oder fast Null ist. Im Jahre 1907 betrugen die sämtlichen Ausgaben der Stadt Berlin einschließlich Amortisation für die Kanalisation und Rieselfelder 12 268 677,77 Mk., die Einnahmen aus 15 736 ha Rieselland, von denen 7775 ha aptiert sind, 11 063 108,89 Mk., so daß ein Zuschuß in bar von 1 205 568,74 Mk. oder rund 0,60 Mk. für den Kopf der Bevölkerung erforderlich war. Die Stadt Wilmersdorf, welche zurzeit die größte biologische Reinigungsanstalt für rund 200 000 Einwohner mit rund 21 600 cbm Abwasser einrichtet, hat für diese Anlage 67 ha erworben, das Fassungsvermögen der Vorreinigungsanlage ist auf 10 800 cbm, das der Nachreinigung auf 5400 cbm, das nutzbare Material der Tropfkörper auf 44 000 cbm veranschlagt. Die Stadt hat nach A. Pritzkow für diese Anlage im ganzen 6 600 000 Mk. — für die biologischen Körper 2 200 000 Mk. — aufgewendet bzw. aufzuwenden; die jährlichen Unterhaltungskosten werden bei Reinigung der ganzen Abwassermengen rund 0,70 Mk. für den Kopf der Bevölkerung betragen, also mehr als in Berlin [1]).

Die Berliner Rieselfelder beherbergen aber eine Bevölkerung von 4198 Köpfen, die Wilmersdorfer Anlage beschäftigt nur rund 8 Personen. Wenn man dann weiter berücksichtigt, daß um die Rieselfelder herum sich überall Wohlstand und reges Leben einstellt, die Nähe von biologischen Anlagen aber häufig wegen der üblen Gerüche und der Fliegenplage tunlichst gemieden wird, dann kann kein Zweifel darüber sein, welchem Reinigungsverfahren die größte wirtschaftliche Bedeutung zukommt.

V. Mechanische und chemisch-mechanische Reinigung.

Neben den vorstehenden biologischen Reinigungsverfahren ist die mechanische und chemisch-mechanische Reinigung am meisten in Gebrauch.

---

[1]) Ähnliche Verhältnisse stellen sich nach dem V. Bericht der Kgl. Engl. Kommission für Abwasserbeseitigung 1908 in England heraus. Die jährlichen Kosten der Reinigung betrugen:

	bei Tropfkörpern	Füllkörpern	Landberieselung
für 1 cbm Abwasser	1,88—2,24 ℳ	2,50—3,28 ℳ	1.04—3,21 ℳ
für 1 Einwohner . .	0,97—1,22 ℳ	1,37—1,80 ℳ	0,57—1,78 ℳ

1. **Die mechanische Reinigung.** Zur mechanischen Reinigung der Abwässer ist eine ganze Reihe von Vorrichtungen vorgeschlagen, die in ihrer Wirkungsweise auf demselben Grundsatz beruhen und nur in der Ausführungsweise verschieden sind. Ich muß mich darauf beschränken, hier nur die wesentlichsten neueren Erfahrungen mitzuteilen.

a) **Siebe, Gitter, Roste und Rechen**, verbunden mit **Sandfängen**. Diese dienten ursprünglich nur dazu, **Sperrstoffe** (Korke, Papier, Holz, Mineraltrümmer usw.) in solchen Fällen aus dem Wasser zu entfernen, wo dieses durch Pumpwerke gehoben werden mußte, und wo die Sperrstoffe den Maschinenbetrieb gehindert haben würden. Jetzt werden diese Sperrstofffänger in Deutschland fast bei jeder mechanischen Klärvorrichtung angebracht und sind so weit vervollkommnet, daß sie als alleinige Reinigungsvorrichtung überall da ausreichen, wo das Abwasser durch die Flüsse eine so starke Verdünnung erfährt, daß die Reinigung mehr aus ästhetischen als aus hygienischen Gründen geschieht, wo also nur ein Hängenbleiben solcher Sperrstoffe an den Ufern oder ein Sichtbarwerden derselben auf der Wasseroberfläche verhütet werden soll. Schaltet man Siebe oder Gitter bzw. Rechen von verschiedener Loch- bzw. Stabweite hinter- oder nacheinander, z. B. die Reinschschen Rechen (in Düsseldorf) von 15, 5 bis 6 und 3 mm Weite, so können auf diese Weise Schwebestoffe bis zu 3 mm Durchmesser aus dem Abwasser entfernt werden. Noch feinere Schwebestoffe als von 3 mm Durchmesser lassen sich aber mit den genannten Hilfsmitteln nicht entfernen.

Mit den Rechen oder Sieben werden meistens, bei größeren Mengen ohne Zusatz von Chemikalien zu reinigenden Wassers, vor Rieselfeldern und Faulkammern, **Sandfänge**, d. h. einfache Sohlenvertiefungen, verbunden, die **vor** denselben angelegt werden, und deren Sohle durchweg eine Vertiefung nach der Zuflußseite hat. Durch die Rechen, Siebe oder Gitter erfährt die Stromgeschwindigkeit des Wassers eine geringe Verlangsamung, die genügt, um Sand und Mineraltrümmer, die schon bei einer Durchflußgeschwindigkeit von 150 mm in der Sekunde niederfallen, zur Abscheidung zu bringen. Auf diese Weise wird der weiter abzuscheidende organische Schlamm geeigneter für verschiedene andere Zwecke, so besonders zur Düngung. Die Menge der mineralischen Schlammbestandteile in den städtischen Abwässern richtet sich wesentlich nach der Art des Straßenpflasters der Städte, ob sandig, ob weich und leicht, verwitterbar usw. In Frankfurt a. M. werden durch Rechen mit Sandfängen rund 20 % der Schwebe- und Sinkstoffe aus dem Abwasser entfernt. Im allgemeinen gelingt es nur, 10 bis 15 % aller im Wasser ungelösten Stoffe durch Absiebvorrichtungen aus dem Abwasser auszuscheiden.

Unter den **gewerblichen** Abwässern findet die Abscheidung der Schwebestoffe durch Siebe oder Filter besonders bei den Abwässern aus der **Papier- und Textilindustrie** statt. Für den Zweck sind der **Schurichtsche** Stoffänger (im wentlichen aus einem in einem Sammelbecken festsitzenden oder sich drehenden Metallgewebe bestehend, durch welches das Abwasser unter Druck filtriert wird) oder das **Donkin-Filter** (eine aus etagenförmig aufgebauten Becken mit Drahtgewebe bestehende Vorrichtung, bei der das Abwasser kaskadenartig von einem Behälter auf den anderen fällt) oder das **Lehmann**sche oder das Patent-**Füllner-Filter** in Gebrauch, bei dem das Wasser in eine polygonartig gestaltete, mit einer Drahtwicklung umgebene Filtertrommel fällt, um welche ein endloses Filtertuch oder Filterband läuft, durch welches das zu reinigende Wasser nach dem Innern der Trommel gedrückt wird. Die auf diese Weise gesammelten Fasern (70 bis 80 Proz.) können wieder in der Fabrikation verwendet werden.

b) **Klärbecken und Klärbrunnen** (bzw. **Klärtürme**). Da sich mit vorstehenden Reinigungsvorrichtungen nur Schwebestoffe bis zu 3 mm Durchmesser abscheiden lassen, so werden zur Abscheidung noch feinerer Schwebestoffe weiter Klärbecken oder Klärbrunnen oder Klärtürme angewendet. Die Frage, ob Klärbecken oder Klärbrunnen gewählt werden sollen, richtet sich wesentlich nach den örtlichen Verhältnissen. Wenn genügend Platz und schon in geringer Tiefe kein zu großer Grundwasserandrang vorhanden ist, wird man Klärbecken wählen, weil sie in bezug auf die Betriebssicherheit zuverlässiger sind als Brunnen. In entgegengesetzten Fällen, also bei hohem Grundwasserstand und beschränktem Raum, wählt man Brunnen oder Türme, die auch den Vorteil haben, daß sich der Schlamm aus ihnen leichter wie aus den Becken entfernen läßt.

α) Die **Klärbecken** sind in der verschiedensten Form und Größe eingerichtet worden; indes haben sich nach den Versuchen von **Steuernagel** und **Grosse-Bohle** in Köln einfache längliche flache Becken von 40 bis 45 m Länge und 5 bis 7 m Breite, die am Einlauf eine Vertiefung (Pumpsumpf) besitzen, und deren Sohle nach dem Ablauf hin schwach ansteigt, am besten bewährt. Der Fassungsraum der Klärbecken richtet sich nach der Beschaffenheit des Abwassers (ob tunlichst frisch oder schon in Fäulnis begriffen) und schwankt zwischen dem 2- bis 1,5 fachen der Abwassermenge (Trockenwettermenge). Die preußischen Behörden verlangen, daß die Klärbecken so groß angelegt werden sollen, daß die Durchflußgeschwindigkeit des Abwassers nur 4 mm in der Sekunde beträgt. Die Versuche in Hannover (von Bock und Schwarz) haben aber ergeben, daß der Kläreffekt bei 6 mm Geschwindigkeit nicht geringer war als bei 4 mm, und in Köln nahmen die organischen Schwebestoffe bei 4 mm Geschwindigkeit um 72 Proz., bei 20 mm Geschwindigkeit um 69 Proz., also nur um 3 Proz. weniger ab als bei 4 mm Geschwindigkeit. Auch in Frankfurt a. M. mit tunlichst frischem Wasser haben die Untersuchungen von Uhlenhuth und Tillmans ergeben, daß es keinen nennenswerten Einfluß auf den Kläreffekt hat, ob man in 6 bis 12 Kammern eine Geschwindigkeit von 5 bis 10 mm anwendete.

Man wird daher unter Umständen eine Durchflußgeschwindigkeit bis zu 10 und 12 mm gestatten können. In der Frankfurter Kläranlage, die durch Maschinen betrieben wird, wurden durch die mechanische Klärung von je 100 Teilen Stoff entfernt:

	durch Sandfang und Rechen	durch die Becken	nicht entfernt	davon noch abscheidbar	nicht abscheidbar
Gesamt . . .	19,3 %	60,2 %	20,5 %	10,6 %	9,9 %
Organisch . .	21,9 „	55,8 „	22,3 „	13,6 „	8,7 „

Auch von den gelösten Stoffen wurden in den Becken durchschnittlich 7 Proz. (18,5 Proz. im Sommer, 4,4 Proz. im Winter) beseitigt, welcher Verlust auf biologische Vorgänge zurückgeführt werden muß. Aus etwa 77 000 cbm Abwasser wurden durch den Sand- und Rechenfang 20 bis 30 cbm, durch die Becken 200 bis 250 cbm Schlamm gewonnen. Bei Nachtwasser war hier wie in Köln die mechanische Klärung ohne irgendeinen Erfolg.

β) Die Klärbrunnen (bzw. Klärtürme): Zu beiden wird die Verlangsamung der Stromgeschwindigkeit bzw. die Klärung des Abwassers durch senkrechten Aufstieg desselben erreicht. Der Aufstieg wird bei den Tiefbrunnen (auch Emscher- oder Dortmund-Brunnen gt.) durch den Druck des nachfließenden Wassers, bei den Klärtürmen durch Evakuieren bewirkt. Die Geschwindigkeit für das aufsteigende Wasser muß aber zur Erzielung des gleichen Klärungseffektes bedeutend geringer sein als für die horizontale Bewegung in den Klärbecken; je nach der Art des Wassers schwankt die Geschwindigkeit (Aufstieg) zwischen 1,5 bis 2 mm in der Sekunde.

Die Tiefbrunnen bzw. Klärtürme werden aber meistens nur bei gleichzeitigem Zusatz von Chemikalien zum Abwasser angewendet. Aber auch auf diese Weise lassen sich bis 85 Proz. der Schwebe- und Sinkstoffe aus dem Abwasser entfernen.

2. Chemisch-mechanische Reinigung: Die zurzeit noch vorwiegend gebräuchlichen chemischen Fällungsmittel sind schon S. 23 aufgeführt; sie werden in Deutschland durchweg nur mehr für gewerbliche, selten mehr für häusliche Abwässer angewendet. Das hat seinen Grund darin, daß hierdurch der lästige erzielte Schlamm nur noch voluminöser wird, andererseits organische Schwebestoffe durch die Chemikalien gelöst werden, und den Gehalt des geklärten Wassers an gelösten organischen Stoffen erhöhen können. Das ist besonders der Fall bei Anwendung von überschüssigem Kalk als alleinigem Füllungsmittel. Als Vorteil der chemischen Fällung kann aber bezeichnet werden, daß sich hierdurch 10 bis 15 Proz. Schwebestoffe mehr abscheiden lassen und der Schlamm sich leichter verarbeiten (entwässern) läßt. Der früher hervorgehobene Vorteil, daß die chemische Fällung auch die Befreiung der Abwässer von Bakterien ermögliche, wird jetzt nicht mehr geltend gemacht, weil die Entfernung der Bakterien nur vorübergehend statthat und die Bakterienfurcht nicht mehr so groß ist wie früher. Nur wenn es sich bei Hausabwässern um Vernichtung von Krankheitserregern (Typhus, Cholera usw.) handelt, pflegt man noch Chemikalien, vorwiegend Chlorkalk[1]), Kupfer- und Ferrosulfat, anzuwenden.

In früherer Zeit ist vorgeschlagen, die Abwässer auch durch den elektrischen Strom zu reinigen und zu desinfizieren, indem bei mangelndem Salzgehalt Chlornatrium oder Chlormagnesium zugesetzt wurde; wendet man hierbei als Elektroden Eisenplatten an, so bildet sich neben Wasserstoff Eisenchlorür und Natriumhydroxyd, aus denen sich Chlornatrium und Ferrohydroxyd bilden, welches letztere die Fällung bewirkt. Wird

---

[1]) Schumacher empfiehlt zur Abtötung der Bakterien eine Konzentration von 1 Teil Chlorkalk zu 2000 Teilen Wasser, Kranepuhl hält jedoch in den meisten Fällen eine solche von 1 : 1000 für notwendig.

statt Eisen als Elektroden Platin oder Kohle angewendet, die von dem freien Chlor nicht angegriffen werden, so entsteht unterchlorigsaures Salz, das desinfizierend wirkt. Koschmieder hat (1903) vorgeschlagen, als Elektroden durchlöcherte Platten von Retortengraphit (oder Platin) anzuwenden, hierdurch einen elektrischen Strom zu leiten und das Abwasser durchströmen zu lassen, indem gleichzeitig Luft durchgeleitet wird. Es soll sich dann Wasserstoffsuperoxyd bilden, das sowohl die organischen Stoffe oxydieren als auch die Bakterien vernichten soll. Eine praktische Anwendung dieser Verfahren ist aber meines Wissens bis jetzt nicht bekannt geworden.

Für die richtige Wirkung der Chemikalien ist es von Belang, daß grobe Sperrstoffe vorher aus dem Abwasser entfernt und die Chemikalien tunlichst gleichmäßig mit ihm vermischt werden. Zu letzterem Zweck hat man verschiedene sinnreiche Mischvorrichtungen angegeben, zu deren Betriebe man häufig das Gefälle des Abwassers selbst ausnutzt. Die Entfernung des durch Chemikalien erzielten Niederschlages wird durch Klärbecken oder Tiefbrunnen in derselben Weise bewirkt, wie dieses für Abwässer geschieht, die behufs Abscheidung der Schwebestoffe eines Zusatzes nicht bedürfen.

B. Sjollema hat als Fällungsmittel für die Reinigung von feinfaserigem Strohpappefabrik-Abwasser die Fällung mit Superphosphat vorgeschlagen, da sie meistens schon genügend Kalk (vgl. S. 28) zur Bildung von unlöslichen Tricalciumphosphat enthalten; weil diese Fällung aber zu teuer kommt, so soll man in dem Siedeapparat, worin das Wasser mit Kalkmilch erhitzt wird, die Substanz gleich nach dem Gegenstromprinzip waschen, um so ein Wasser von höherem Gehalt zu gewinnen, das sich bequemer reinigen läßt.

Vielfach werden neuerdings auch plastischer (kolloidaler) Ton (Roland) bzw. kolloidale Silikate und Kieselsäure, basische und saure Zeolithe (Riedel) empfohlen, die außer der mechanischen Einhüllung von feinen Schwebestoffen unter Umständen auch gelöste Stoffe (Eiweiß, Phosphate usw.) in geringer Menge zu adsorbieren imstande sein sollen. A. Frank erzeugt zu dem Zweck einen kolloidalen Niederschlag durch Zusatz von Alkalisilikat und Aluminiumsiliciumfluorid zu den Schmutzwässern.

Hierher ist auch das Degenersche Kohlebreiverfahren zu rechnen, nach welchem dem Abwasser (vorwiegend häuslichem, auch Farbwasser) auf 1 cbm rund 2 kg feingeschliffene Braunkohle, und nach Mischung hiermit 300 bis 350 g Aluminium- und Ferrosulfat zugesetzt werden; die Abscheidung des gebildeten Schlammes erfolgt in Klärtürmen (Rothe-Roeckner). Den Zusatz von Schwermetallen kann man umgehen oder einschränken, wenn man statt Braunkohle einen Brei von Braunkohle und Steinkohle anwendet (W. Rothe & Co. in Berlin)[1]). Aus 1 cbm häuslichem Abwasser werden durchweg 25 l Schlammbrei (mit 95 Proz. Wasser) erhalten, der durch Filterpressen von Wasser befreit wird, und etwa $3^1/_2$ kg Schlammkuchen (mit 60 bis 65 Proz. Wasser) liefert. Nach weiterem Abtrocknen können die Kuchen verbrannt oder zur Herstellung von Heizgasen verwendet werden; 11 bis 30 Proz. des Gesamtheizwertes rühren von den niedergeschlagenen Schmutzstoffen her. Als gewinnbringend hat sich das Verfahren aber nicht erwiesen; in Tegel haben sich die Betriebskosten auf 8,2 ₰, in Spandau auf 8,87 ₰ und in Oberschöneweide auf 5,5 ₰ für 1 cbm Abwasser oder für den Kopf und das Jahr in Tegel auf 1,81 ℳ, in Potsdam auf 1,20 ℳ, in Spandau auf 1,39 ℳ gestellt, also höher oder doch mindestens ebenso hoch, wie nach irgendeinem sonstigen Reinigungsverfahren. Wenn das Kohlebreiverfahren ferner dem biologischen Verfahren gleichgestellt wird, so ist das nicht richtig; zwar ist es möglich, daß der Kohlenbrei durch vorhandene Humuskolloide in derselben Weise wie die biologischen Körper durch die schleimige Kolloidmasse gewisse gelöste Stoffe des Abwassers (wie Eiweißstoffe, Farbstoffe usw.) zu adsorbieren imstande ist, aber die Hauptwirkung der biologischen Körper fehlt diesem Verfahren, nämlich die Fähigkeit der Zersetzung und Oxydation der organischen Stoffe.

Freese erhöht die fällende Wirkung von Braunkohle oder Torf dadurch, daß er sie — besonders erstere — bei mehr oder weniger hoher Temperatur aufschließt und dadurch den Gehalt an löslicher Humussäure erhöht. Er nennt das Erzeugnis Humin, welches nach Beimischung zum Abwasser behufs Fällung nur eines Zusatzes von Kalk bedarf. Das Fällungsmittel hat sich angeblich bei städtischem Abwasser, Stärkefabrikabwässern und besonders bei Preßwässern der Zuckerfabriken bewährt, bei denen

---

[1]) Durch Erhitzen von Braunkohle mit geschlämmtem Kaolin in geschlossenen Gefäßen werden neuerdings auch wirksame Wasserfilter hergestellt.

auf 1 cbm 0,5 kg Humin und 2 kg Kalk angewendet werden. Wellensiek behandelt Braunkohle oder Torf mit Alkalien und verwendet diese löslichen Humusverbindungen in Gemeinschaft mit Kalk zum Fällen.

VI. Getrennte Behandlung von Abwässern.

In manchen Fällen, in denen mehrere Abwässer von verschiedenem Schmutzgehalt abfallen, gelangt man zu einer besseren und billigeren Reinigung, wenn man sie getrennt behandelt. Bei den städtischen Abwässern wird das dadurch erreicht, daß man die Abortstoffe und Hausabwässer neben manchen gewerblichen Abwässern durch ein besonderes Kanalnetz getrennt von dem Regen- und Tagewasser abführt; man nennt das Verfahren Trennungs- oder Trennsystem zum Unterschiede von dem Mischsystem, bei dem auch Regen- und Tagewasser mit in die Kanäle geleitet werden. Man hat das Trennsystem vorwiegend in kleineren Städten und überall da (z. B. Spandau, Potsdam, Bamberg, Halberstadt, Gießen, Marburg, Barmen, Elberfeld, Harburg a. E., Unna, Kiel, Bromberg, ferner in Vororten großer Städte) angewendet, wo einerseits die Verhältnisse des Vorfluters die Anlage von Notauslässen nicht gestatten und das Regenwasser anderseits schnell zum Vorfluter abgeführt werden kann. Auf diese Weise spart man auch an Reinigungskosten für das eigentliche Schmutzwasser, zumal wenn dieses gehoben und behufs Reinigung nach einem entfernten Gelände geleitet werden muß. Das Verfahren hat sich bisher im allgemeinen bewährt.

Auch bei gewerblichen Abwässern wird vielfach eine getrennte Behandlung der verschiedenen Arten Abwasser ausgeführt. Die Zuckerfabrik Schafstädt, Reg.-Bez. Merseburg, die nach dem Preßdiffusionsverfahren täglich 12000 Ztr. Rüben verarbeitete, klärte nach einem Bericht von E. Bock das Schwemm- und Waschwasser von Schwänzen und Blättern in einem 18000 cbm großen Becken, und verwendete es nach Absitzen des Schlammes weiter zum Schlämmen[1]). Das Fallwasser wurde auf Gradierwerken auf 20° abgekühlt und wieder zur Kondensation benutzt. Die stark verunreinigten Diffusions- und Preßwässer wurden nach Zusatz von Kalkschlamm zuerst in zwölf hoch gelegenen Absitz-

---

[1]) In ähnlicher Weise, wie auch das Steinkohlenwaschwasser jetzt in Absitzbecken geklärt und fortwährend wieder benutzt wird.

becken mit schrägem Boden geklärt, dann in Gärteiche abgelassen und hiernach auf ein drainiertes Rieselfeld — im ganzen 20 Morgen — geleitet, von dem abwechselnd ein Drittel der Felder berieselt wurde — im Sommer wurde das Feld bestellt und blieb bis zur Kampagne in rauher Furche liegen —. Ein Sammeldrain führte das gereinigte Wasser in einen Teich, von wo es wieder in den Betrieb übergeführt wurde. Auf diese Weise gelangte gar kein Fabrikabwasser zum Abfluß.

Nach dem Bericht der Staatlichen Kommission zur Prüfung der Reinigungsverfahren von Zuckerfabrikabwässern, arbeitet die Zuckerfabrik Schafstädt jetzt nach dem Hyro-Rakverfahren, bei welchem ebenso wie bei dem Steffenschen Verfahren überhaupt kein Diffusionsabwasser mehr entsteht, und auch kein Schnitzelpreßwasser, wenn die Schnitzel frisch abgegeben werden. Verschiedene andere Zuckerfabriken haben durch die getrennte Behandlung ihrer Abwässer und Zurückgewinnung des gereinigten Abwassers für den Betrieb ebenfalls gute Erfolge erzielt, so die Zuckerfabrik Dormagen, wo die Diffusions- und Preßwässer durch Schüttelsiebe von verschiedener Feinheit entpülpt, die letzten Reste feiner Schlamm durch Claaßenschen Vorklärgefäße weiter abgeschieden werden und die abgeklärte Flüssigkeit der Batterie 1 zurückgeleitet wird, während der dünnbreiige Schlamm mit etwas Kalkmilch zum Absüßen der Schlammpressen dient. In der Zuckerfabrik Groß-Mahner werden die Diffusions- und Schnitzelpreßwässer zusammen in eine zementierte Senkgrube geleitet, aus der die sich absetzende Pülpe durch einen Bagger auf einen Pülpefänger (Rost, der ständig durch Bürsten abgestrichen wird) gebracht wird. Das entpülpte Wasser wird in eine Reihe von weiteren Absitzbecken geleitet, auf 45 ^{0} vorgewärmt und wieder in den Betrieb zurückgenommen. Das Rübenschwemm- und Waschwasser wird nach der Klärung in mehreren Absitzteichen wieder in der Rübenschwemme verwendet, während der Überschuß hiervon auf 40 Morgen großen Wiesen gereinigt wird. Die Kondens- und Fallwässer gelangen in ihrer ganzen Menge zur Wiederbenutzung. Die Zuckerfabrik Commern, die täglich etwa 20000 Ztr. Rüben verarbeitet, verfährt mit dem Rübenschwemm- und Waschwasser wie die vorgenannte Fabrik und reinigt Diffusions- und Preßwasser nach dem Pfeiffer-Bergreenschen Verfahren. Letzteres besteht aus einem gemauerten Sammelbecken von etwa 20 cbm Inhalt und 4 Kästen, in welchen das Diffusionsablauf- und Schnitzelpreßwasser getrennt behufs Wiederverwendung aufgesammelt wird. Die Kästen sind teilweise mit Schaumhauben behufs Niederschlagung des Schaumes mittels Dampfes versehen. Das Preßwasser wird in einem Forstreuterschen Pülpefänger mit Dreikrantdrahtsieb vor der Wiederverwendung entpülpt.

Behufs Entfernung des in dem Sammelgefäß des Preßwassers sich ansammelnden Satzes, bestehend aus Sand und Pülpe, wird dieser Kasten, welcher etwa 3 cbm faßt, stündlich einmal entleert und der Inhalt in den Schlammteich gelassen. Dem Schlammteich sind zehn höher gelegene, gemauerte, mit ihren Wandungen freiliegende Absitzbecken von etwa 600 cbm Gesamtinhalt vorgeschaltet.

Derartige getrennte Behandlungsweisen dürften sich sinngemäß auch bei anderen verschiedenartig beschaffenen Abwässern (z. B. aus Stärkefabriken, Brauereien, Brennereien u. a.) mit Erfolg anwenden lassen.

VII. Verarbeitung der Abwässer auf verwertbare Stoffe.

An Bestrebungen, die Abwässer auf die darin vorhandenen wertvollen Stoffe zu verarbeiten, und dadurch gleichzeitig mehr oder weniger unschädlich zu machen, hat es von jeher nicht gefehlt; indes sind bis jetzt nur vereinzelte Erfolge nach dieser Richtung erzielt. Auf die Wiedergewinnung von Gespinst- und Papierfasern wurde schon oben S. 33 hingewiesen. Außer diesem Verfahren können noch folgende genannt werden:

1. **Verarbeitung der städtischen Abwässer bzw. der Abortstoffe auf Ammoniak und Poudrette.** Die Abortstoffe bzw. stickstoff- und harnstoffhaltigen Abwässer werden mit Kalk destilliert, das Destillat wird in Schwefelsäure behufs Gewinnung von Ammoniumsulfat aufgefangen, während der Destillationsrückstand ausgepreßt und auf Poudrette verarbeitet werden soll. Das Verfahren hat sich in Deutschland (Freiburg i. Br., Leipzig und anderswo) bis jetzt nicht bewährt. Neuerdings ist dasselbe von Malicieux in Paris wieder aufgenommen, hat dort angeblich gute Ergebnisse geliefert, und wird dem Vernehmen nach zurzeit in Chemnitz versucht. Ob das Verfahren aber mit Rücksicht darauf, daß aus anderen Abgängen z. B. dem Gaswasser, Koksgasen, ferner aus dem Stickstoffkalk zweifellos billiger Ammoniak gewonnen werden kann, und die Verarbeitung der Fäkalien z. B. nach dem System Liernur auf Poudrette keine

Verbreitung gefunden hat, allgemein in lohnender Weise durchführbar sein wird, muß abgewartet werden.

2. **Gewinnung von Fett aus Abwässern.** Auf die Gewinnung von Fett bzw. Fettsäuren aus Abwässern der Wollwäschereien und -kämmereien, Tuch-, Baumwoll- und Seidenfabriken ist schon S. 29 hingewiesen. Aber auch in häuslichen Abwässern ist verhältnismäßig viel Fett. Das Berliner Abwasser enthält zwischen 0,01 bis 0,026 Proz., bzw. durchschnittlich 20 g Fett für den Kopf und Tag oder 7,3 kg für den Kopf und das Jahr. Degener fand in dem lufttrockenen Schlamm verschiedener Städte zwischen 4 bis 18 Proz., Bechbold in dem Frankfurter Klärschlamm 3,38 bis 26,79 Proz. Fett, während der an der Wasseroberfläche flottierende Schlamm bis zu 80,29 Proz. Fett ergab. Nimmt man an, daß etwa 20 Millionen Menschen in kanalisierten Städten wohnen, so würden diese etwa 145 Millionen Kilogramm Fett in den Abwässern liefern, deren Wert auf etwa 50 Millionen Mark geschätzt werden kann. Die Wiedergewinnung von Fett aus diesen Abwässern würde daher immerhin eine gewisse wirtschaftliche Bedeutung haben.

Man hat in Frankfurt a. M. versucht, den durch die mechanische Klärung erzielten Schlamm durch chemische Lösungsmittel (Benzin) zu entfetten; aber das hat sich bei dem hohen Wassergehalt und verhältnismäßig geringem Fettgehalt neben großem Volumen nicht durchführen lassen. Man versuchte dann die Abscheidung des Fettes aus dem städtischen Abwasser direkt, indem man dasselbe unter Glocken leitete, die sich in Zylindern befanden, worin sich die sonstigen Schwebe- und Sinkstoffe niederschlugen, während das spezifisch leichtere Fett sich oben unter der Glocke ansammeln sollte. Kremer hat dann eine ähnliche Fettfangvorrichtung mit Klärbecken eingerichtet, die in Frankfurt a. M., Kassel, Osdorf bei Berlin und Chemnitz versucht worden ist, ohne sich bis jetzt dauernd zu erhalten. J. Vogelsang konnte dagegen in der Versuchsanlage in Charlottenburg mit dem Kremer-Apparat im Durchschnitt von 102 Betriebstagen aus je 1 cbm Abwasser 3,98 g Fett — von dem 17 Proz. aus Seife stammten — abscheiden; die aufschwimmende, aus Fett, Papier, Holz, Federn, Korken usw. bestehende Fettschicht enthielt in der Trockensubstanz 75 Proz. Fett. Die gleichzeitig im Schlammraum abgeschiedene Schlammenge (mit 89 Proz. Wasser) betrug 3,12 l für 1 cbm, war also auch eine zufriedenstellende.

Die auf demselben Grundsatz beruhende Fettfangeinrichtung

der Aktiengesellschaft Ferrum (vorm. Rhein & Co.) in Berlin W. 11 besteht statt aus einem Tiefbrunnen mit Glocken aus einem Klärturm, der erst mit Wasser aus der Wasserleitung gefüllt wird, und dann heberartig in der Weise wirkt, daß das in dem Klärturm aufsteigende Wasser oben unter der Glocke das Fett, und unten im Schlammschacht den Schlamm abscheidet. Das Wasser steigt mit einer Geschwindigkeit von 0,5 bis 2 mm in der Sekunde auf und verweilt in dem Kessel etwa 2 Stunden. Der Apparat hat sich besonders auf Schlachthöfen eingeführt.

3. **Verarbeitung des Abwassers von Sulfitzellulosefabriken auf verwertbare Stoffe.** Eines der lästigsten gewerblichen Abwässer ist das aus Sulfitzellulosefabriken. Es setzt sich zusammen aus a) den Koch- und Waschlaugen der Kocher, b) den Sieb- und Preßwässern der Zelluloseentwässerungsmaschinen und c) den Kondens- und sonstigen Betriebswässern. Hiervon sind vorwiegend nur die ersten stark verunreinigt, die letzten fast gar nicht. Die Menge dieser Abwässer ist nicht gering; man rechnet auf 100 kg Zellulose 1000 l Sulfitlauge, von denen 1 l 90 bis 120 g Trockensubstanz mit etwa 75 bis 90 g organischen Stoffen enthält. Da in Deutschland jährlich 543 000 t Zellulosestoff oder 15 000 t täglich hergestellt werden, so bedeuten diese nach A. Pritzkow ebenso viele, nämlich 15 000 cbm Ablauge, worin also täglich rund 1 600 000 kg fester Stoffe mit 1 200 000 kg organischen Stoffen den Flüssen zugeführt werden. Das sind sehr große Mengen, die auch sogar in größeren Flüssen bei ziemlich starker Verdünnung[1]) das Auftreten der kennzeichnenden Abwasserpilze (Sphaerotilus, Leptomitus usw.) zur Folge haben.

Eine Beseitigung dieser Abwässer wäre hiernach von ganz besonderer Bedeutung. Aber alle üblichen Reinigungsverfahren versagen hier, weil das Abwasser einerseits zu konzentriert ist, andererseits die organischen Stoffe von sehr einseitiger Zusammensetzung und schwer zersetzbar sind. Eine biologische Reinigung durch Landberieselung oder in künstlichen Oxydationskörpern ist nur nach sehr starker (etwa 1000 facher) Verdünnung mit einem fäulnisfähigen Abwasser bzw. nach Faulenlassen hier-

---

[1]) Das gleichzeitig vorhandene Calciumbisulfit oxydiert sich anscheinend in den Flüssen sehr schnell und hat keinen Einfluß auf die Flora. K. B. Lehmann hat beobachtet, daß die Ablauge bei hundertfacher Verdünnung auch auf die Fische nicht mehr schädlich wirkt.

mit möglich. Man hat infolgedessen in der verschiedensten Weise die Ablaugen zu beseitigen versucht, z. B. durch Eindunsten und Verwenden zu Brennzwecken bzw. zur Darstellung von Briketts — 1 kg Trockensubstanz liefert 4250 Kalorien —; durch Verarbeitung auf Schwefel — nur die leicht abtreibbare schweflige Säure läßt sich mit Nutzen wiedergewinnen —; durch Vergären der neutralisierten Lauge mit Bierhefe und Verarbeitung auf Alkohol — wodurch aber nur ein Teil der Extraktstoffe beseitigt wird[1]) —; zur Gewinnung von Farbstoffen, von einem Düngemittel durch Vermischen mit Thomasmehl; als Staubbindemittel in Städten.

E. Trainer erhitzt die Endlaugen mit Säuren — eventuell unter Druck —, setzt Aldehyde zu und will auf diese Weise Erzeugnisse erhalten, aus denen sich Esoliermittel, Dachpappe, künstlicher Asphalt usw. herstellen lassen. Philippi will nach dem D. R. P. 211 348 diese Abwässer auch mit Erfolg zum Gerben verwenden können, Kumpfmiller versetzt vorher mit Kalkmilch sowie Alaun und verwendet erst das Filtrat für diesen Zweck. Am zweckmäßigsten würde es zweifellos sein, dieses Abwasser nach den Vorschlägen von A. Frank und A. Stutzer auf Futtermittel zu verarbeiten. Letzterer dampft die Endlaugen unter Zusatz von Formaldehyd ein, wodurch sich formaldehydschwefligsaures Calcium $Ca(CH_2OHSO_3)_2$ bildet, und vermischt mit Melasse, durch deren Aminosäuren der Formaldehyd wieder entfernt wird. Nach einem anderen Vorschlage entfernt Stutzer die schweflige Säure durch Behandeln mit Ammoniak.

4. Gewinnung von Cyanwasserstoffsäuren bzw. Cyanverbindungen aus Abwässern. Die Abwässer aus Fabriken von Zuckerraffinerien, die die Melasseschlempekohlen auf Cyankalium verarbeiten, die Abwässer aus Galvanisierungsanstalten, ferner die Abwässer aus Ammoniakfabriken (Gaswasser) und Kokereien, Braunkohlenschwelereien enthalten giftige Cyan- und Rhodanverbindungen. Wenn letztere Abwässer genügend lange vor der eigentlichen Vegetationszeit auf Äcker oder Wiesen gebracht werden, können sie düngend wirken. Für Tiere — und für Pflanzen während der Wachstumszeit — sind

---

[1]) Nach W. Kiby (Chem. Ztg. 1910, 34, 1077 und 1091) würde die Spiritusgewinnung, abgesehen davon, daß der Spiritus eine eigenartige Beschaffenheit besitzt, in Deutschland bei dem jetzigen Steuergesetz nicht lohnen.

sie indes giftig. Wenn die Kokerei- und Gasabwässer durch Destillation mit Kalk auf Ammoniak verarbeitet werden, so bleiben die Cyan-, Rhodan- und Schwefelverbindungen neben Teerölen im Rückstand. Diese giftigen Rückstände ließen sich bis jetzt nur dadurch unschädlich machen, daß man sie in Torfmull oder Sägespänen aufsaugen ließ und nach dem Trocknen verbrannte. Über die sonstige Reinigung von Abwasser aus Gasanstalten vgl. S. 29 Anm. Die Reinigung von Abwässern mit Cyanwasserstoff und Cyankalium allein wird in der Weise vorgenommen, daß man Natronlauge und Eisenvitriol im Überschuß zusetzt, dann mit Schwefelsäure schwach ansäuert und den entstandenen Niederschlag von Berlinerblau abpreßt. H. Nördlinger in Flörsheim a. M. will gefunden haben, daß sich aus solchen Wässern durch einfache Destillation oder in starker Verdünnung durch einen Luftstrom auch Cyanwasserstoff gewinnen läßt, der auf Cyanide verarbeitet werden kann, und wenn man dann zu dem Rückstande Schwefelsäure und Braunstein setzt, so sollen Rhodan- und Schwefelverbindungen sich oxydieren und unschädlich machen lassen.

5. **Gewinnung von Schwermetallen aus den Abwässern von Silberfabriken, Messinggießereien, Knopffabriken u. a.** Diese Abwässer, welche die Sulfate von Kupfer, Zink und Nickel enthalten können, werden nach Göpfert in der Weise verarbeitet, daß man sie mit Eisenabfällen in Bleipfannen bis auf 37° Bé eindampft. Hierbei fällt Kupfer als Zementkupfer aus; aus der abgezogenen Lösung läßt man das Ferrosulfat auskristallisieren, und man kann aus der Mutterlauge auch Zink- und Nickelsulfat gewinnen, so daß gar keine oder nur eine geringe Menge Mutterlauge zum Abfluß gelangt.

6. **Gewinnung von Ferrosulfat aus Abwässsern von Drahtziehereien, Schwefelkiesgruben, Kieswäschereien.** Bei der Fabrikation des Drahtes wird letzterer in verdünnter Schwefelsäure gewaschen (gebeizt) und dann zur Neutralisation und Entfernung der Säure in Kalkbrei geworfen. Die erhaltene schwefelsaure Lösung wurde früher, ebenso wie die Abwässer aus Schwefelkiesgruben, Kieswäschereien, von Schutthalden, Berlinerblaufabriken usw. teils eingedampft und auf Ferrosulfat verarbeitet, teils mit Kalkmilch gefällt und das ausgefällte Ferro- und Ferrihydroxyd in Klärteichen zum Absitzen gebracht. Nachdem aber der Eisenvitriol jetzt in großen Mengen zur Vertilgung des Hederichs benutzt wird, werder die Beizwässer usw.,

wenn sie noch freie Schwefelsäure enthalten, mit Eisenabfällen erhitzt, auf 38° Bé.' eingedampft und ganz auf Eisenvitriol verarbeitet.

VIII. Beseitigung des Schlammes.

Neben der genügenden Reinigung der Abwässer bildet die Beseitigung des hierbei gewonnenen Schlammes eine ebenso wichtige als schwierige Aufgabe, die um so schwieriger wird, je weniger Wert der Schlamm besitzt. Die Beschaffenheit und Menge des Schlammes aus häuslichen wie gewerblichen Abwässern hängt außer von der Beschaffenheit und Menge der Schwebestoffe von verschiedenen anderen Umständen ab. Die Versuche von Steuernagel bei der mechanischen Klärung des Kölner Abwassers lieferten z. B. je nach der Stromgeschwindigkeit folgende Ergebnisse:

Stromgeschwindigkeit	4 mm	20 mm	40 mm
Schlamm aus 1000 cbm Abwasser	4,04 cbm[1])	2,47 cbm	1,84 cbm
Trockensubstanzgehalt des Schlammes	4,43 Proz.	7,13 Proz.	8,66 Proz.

Die Rechenrückstände besitzen 20 bis 25 Proz., die in den Sandfängen bis 40 Proz. Trockensubstanz. Der Schlamm aus Faulkammern ist, wie schon oben gesagt, ebenso wie der unter Zusatz von Chemikalien gewonnene Schlamm wasserärmer als der aus Absitzbecken ohne Fäulnis und ohne Zusätze erhaltene Schlamm. Die tägliche Menge Schlamm aus städtischen Abwässern schwankt zwischen 1,4 bis 25,0 cbm aus 1000 cbm Abwasser.

Die einfachste und beste Verwendung des aus Abwässern mit vielen organischen Stoffen gewonnenen Schlammes ist unbestreitbar die zur Düngung, und diese bietet bei der Landberieselung keine Schwierigkeit, weil sich der durch die Vorreinigung gewonnene Schlamm — selbst mit Sperrstoffen — frisch auf dem Rieselfelde unterbringen und zur Düngung verwenden läßt. Das ist aber bei den anderen Kläranlagen nur dann der Fall, wenn sie weit ab von den Städten und Industrieorten liegen, wo die umliegenden Landwirte oder Gärtner den Schlamm bereitwilligst abnehmen. Kann hier dann der Schlamm den in Furchen gelegten Ländereien im frischen flüssigen Zustande direkt zugeleitet werden, so stellt sich diese Beseitigungsweise für die Kläranlage nicht nur am billigsten, sondern für

---

[1]) Das Kölner Klärwasser enthält verhältnismäßig wenig Schwebestoffe.

die Düngung auch am vorteilhaftesten. Eine derartige Beseitigung des Schlammes ist aber nur in den seltensten Fällen möglich, und müßten dann andere Verfahren angewendet werden. Dabei handelt es sich zunächst um

1. **Die Entwässerung des Schlammes.** Diese erfolgt am einfachsten durch **offenes Ausbreiten auf durchlässiges** (sandiges) Land, und rechnet man zum Austrocknen von **jährlich einer Tonne flüssigem Schlamm** (mit etwa 90 Proz. Wasser) 3 bis 8 qm je nach der Bodenart — ob sandig oder lehmig —. Um die Verbreitung übler Gerüche von den Schlammlägern zu vermeiden, sollen sie mit Torf oder Erde bedeckt werden. Teererzeugnisse sind für den Zweck nicht geeignet.

R. Weidert hat gefunden, daß sich der Schlamm auch geruchlos halten läßt und leichter eine stichfeste Masse bildet, wenn man ihm für 1 cbm 1,5 bis 8,0 kg Chilisalpeter im Werte von 0,3 bis 1,6 Mk. zusetzt. Da hierbei aber der Salpeter durch denitrifizierende Bakterien zerstört wird, so verbietet sich das Verfahren wegen der hohen Kosten schon von selbst.

Zur **Desinfektion** des Schlammes ist auch eine einprozentige **Chlorkalklösung** vorgeschlagen; jedoch wird eine solche Behandlung auch hier wohl nur zu Zeiten von Epidemien in Betracht zu ziehen sein. Die Desinfektion von 1 cbm Abwasser bzw. Schlamm mit **Antiformin** — einer Hypochloritlösung mit einem Zusatz von Natronlauge — würde nach Grimm 55 Pf. kosten, kann also auch ernstlich nicht in Betracht gezogen werden. Das Ablagern des Schlammes in **Gruben** und **Teichen** empfiehlt sich ebenfalls nicht, es sei denn, daß man in ihnen **Filter (Schlammfilter)** aus gröberer Kesselrostschlacke, Koks, Kies usw. mit Drainagevorrichtung herstellt, auf denen der Schlamm gelagert wird. Oder man entwässert den Schlamm auch durch **Filter- oder Schlammpressen.** Der unter Zusatz von Chemikalien oder Kohlebrei gewonnene Schlamm sowie der aus Faulräumen und von manchen Fabrikanlagen läßt sich meistens direkt pressen, der Schlamm aus einfachen Absitzbecken bedarf dagegen für die Pressung eines Zusatzes von Kalk. Das Entwässern durch Pressen stellt sich durchschnittlich auf 3 bis 4 Mk. für 1 cbm gepreßten Schlamm, also teurer als das Entwässern durch Lagerung. Das Preßwasser enthält auch noch Schmutzstoffe und muß eventuell den natürlichen Abwässern behufs nochmaliger Reinigung wieder zugeführt werden.

Schafer-ter Meer hat zur Entwässerung des Schlammes

einen Schlammschleuderapparat eingerichtet, der sich nach den Versuchen von Reichle und Thiesing im ganzen gut bewährt hat. Der Apparat entwässerte in Harburg a. E. in der Stunde durchschnittlich 1,59 cbm Rohschlamm (mit 91,2 bis 96 Proz. Wasser), und lieferte 175 kg Trockenschlamm (mit rund 40 Proz. Wasser) von lockerer krümeliger Beschaffenheit, die für die Verwendung zu landwirtschaftlichen Düngungszwecken wie auch zum Vergasen günstig war. Die Gesamtkosten (einschließlich Amortisation der Maschinenanlage) beliefen sich auf 3,42 ℳ für 1000 kg Ausbeute, waren also noch höher als durchschnittlich bei maschinellem Entwässern durch Schlammfilterpressen. In Frankfurt a. M. lieferte die Entwässerung durch Zentrifugen bessere Ergebnisse als die durch Filterpressen.

Die Maschinenbauanstalt Humboldt in Kalk bei Köln a. Rh. führt auch eine Vorrichtung zum Trocknen von Klärschlamm aus, indem sie hierzu die Abgase der Verbrennung benutzt.

Ferner hat man den elektrischen Strom zum Entwässern des Schlammes angewendet, indem man von der Beobachtung des Grafen v. Schwerin ausgeht, wonach in einer schlammigen Masse (Torfboden), wenn sie zwischen zwei Elektroden eingeschlossen wird, eine Osmose in der Weise eintritt, daß das Wasser (bzw. Flüssigkeit) zum Kathodenraum, die festen Teile dagegen zur Anode wandern. Gleichzeitig geht bei vorhandenen Elektrolyten eine Elektrolyse einher, indem die Flüssigkeit an der Kathode alkalisch, die Masse an der Anode sauer reagiert. Das Verfahren ist in Frankfurt a. M. mit dem Ergebnis geprüft, daß die Entwässerung des Schlammes auf diese Weise im kleinen möglich ist.

Auch der entwässerte Schlamm wird am zweckmäßigsten zur Düngung verwendet, wenn auch sein Düngerwert durchweg nur gering ist, er daher nur mäßige Transportkosten verträgt. Wir fanden in einigen Proben städtischen Klärschlammes:

Art des Schlammes	Wasser	Organ. Stoffe	Stickstoffe	Mineralstoffe	Kalk	Kali	Phosphorsäure
	Proz.	Proz.	Proz.	Proz.	Proz.	Proz.	Proz.
Stadt K. ⎱ frisch	81,60	15,61	0,700	2,79	0,953	0,114	0,437
Schlamm ⎰ abgelagert . . .	81,62	15,83	0,633	2,55	0,577	0,088	0,391
Stadt S. . . ⎱ Sandfang . .	53,68	11,01	0,428	35,31	0,676	0,174	0,258
Schlamm aus ⎰ 1. Klärbecken	63,97	8,55	0,318	27,48	0,636	0,192	0,258

Die Schlammarten der Städte sind hiernach für Düngungszwecke sehr verschieden; in vorstehenden Fällen schwankt in Prozenten der Trockensubstanz der Stickstoffgehalt zwischen 0,883 bis 3,813 Proz., der Phosphorsäuregehalt zwischen 0,557 bis 2,377 Proz. In den meisten Fällen muß man schon froh sein, wenn die Landwirte den Schlamm umsonst abholen; in vereinzelten Fällen erzielt man für den Preßschlamm einen Erlös von 0,35 bis 1 ℳ für 1 cbm; in anderen Fällen müssen die Städte für die Abholung noch ebensoviel zuzahlen.

2. **Fettgewinnung aus dem Schlamm**: Über die Fettgewinnung aus Schlamm bei Einschluß von viel Abwasser aus Wollwäschereien und -kämmereien vgl. S. 29, über die aus den Abwässern selbst bei der Klärung S. 41. Man hat auch versucht, aus gewöhnlichem städtischem Klärschlamm Fett zu gewinnen. H. Grosse-Bohle leitet in den Schlamm Wasserdampf ein, wodurch sich oben ein Schaum mit etwa 40 Proz. Fett abscheidet, der abgeschöpft und weiter verarbeitet werden kann. Das Verfahren scheint aber bis jetzt keinen Eingang gefunden zu haben. In Frankfurt a. M. hat man auch, da ein Versuch, den nassen Schlamm mit Benzin zu entfetten, mißlang und der Zusatz von Kalk die Fettabscheidung verhinderte, versucht, durch heißes Pressen unter Zusatz von Kieselsäure und schwefelsaurer Tonerde (4,3 kg auf 1 cbm Schlamm) das Fett zu entfernen, aber das Verfahren hat sich als zu teuer erwiesen. Aus dem Schlamm das Fett durch Destillation bei 315^0 zu gewinnen bzw. nach Ansäuern mit Schwefelsäure mit überhitzten Wasserdämpfen überzutreiben, dürfte nur in seltenen Fällen angehen oder ebenfalls zu teuer werden. In Kassel hat man den Preßschlamm, der 8 bis 25 Proz., im Mittel 15,16 Proz. Fett enthielt, mit Benzol ausgezogen und das Verfahren für ausführbar gefunden, ohne daß es bis jetzt weder dort noch anderswo eine weitere Anwendung erfahren hat.

Die Fettgewinnung aus Klärschlamm ist hiernach bis jetzt noch nicht gelungen, was um so mehr zu bedauern ist, als das Fett den Wert des Schlammes für die Düngung beeinträchtigt. Zwar wird nach den Untersuchungen in Frankfurt a. M. das Fett beim längeren Lagern des Schlammes durch Schimmelpilze verzehrt, aber durch sonstige Zersetzungsvorgänge muß dabei auch der Düngewert des Schlammes herabgemindert werden.

3. **Verbrennung bzw. Vergasung des Schlammes.** Wie der Kohlenbreischlamm S. 36, so läßt sich auch der ge-

wöhnliche Klärschlamm, wenn er viel organische Stoffe, besonders viel Fett, enthält und der Wassergehalt durch Trocknen oder Pressen auf 60 Proz. vermindert ist, direkt verbrennen. Bei geringem Gehalt an organischen Stoffen hat man auf 5 bis 7 Teile Schlammpreßkuchen 1 Teil Kohle oder Koks zugesetzt und durch Verbrennen auf besonders großen Dampfkesselrosten gute Erfolge erzielt. Am zweckmäßigsten dürfte es sein, den entwässerten Klärschlamm dort, wo der Müll verbrannt wird, gleichzeitig mit diesem zu verbrennen; man rechnet hierbei auf 1 Teil Schlammpreßkuchen etwa 2 Teile Müll[1]).

Unter Umständen kann auch, besonders bei fettreichem Schlamm, eine Vergasung des trockenen Schlammes lohnend sein. Bujard fand z. B. bei einer vierstündigen Vergasungsdauer im Mittel zweier Versuche für 50 kg trockenen Frankfurter Schlamm:

Gasausbeute aus 100 kg Schlamm	Zusammensetzung des Gases in Vol.-Proz.					Heizwert für 1 cbm WE
	Kohlensäure	Schwere Kohlenwasserstoffe	Kohlenoxyd	Methan	Wasserstoff	
19,6 cbm	16,1 Proz.	5,8 Proz.	22,8 Proz.	13,2 Proz.	35,8 Proz.	3620—4072

Diese und andere Versuche sollen in Frankfurt a. M. fortgesetzt werden, wenn die Müllverbrennungsanlage fertig ist.

Reichle und Dost haben auch über die Vergasung von Kohlebreischlamm (S. 36) Versuche angestellt und gefunden, daß seine Vergasung nur bei einem bestimmten Wassergehalt — nicht über 58 Proz. — möglich ist; das Gas ergab im Mittel in Volumprozenten:

Wasserstoff Kohlenoxyd Kohlensäure Stickstoff Sauerstoff
11,2 Proz.   14,2 Proz. 11,0 Proz.   62,6 Proz. 1,0 Proz.

Methan fehlte in dem Gase; der Heizwert betrug nur 800 WE, für die Gewinnung von einer Pferdekraft für eine Stunde waren 2,5 kg Schlamm (mit etwa 51 Proz. Wasser) erforderlich. Bei

---

[1]) Die vorstehend genannte Maschinenbauanstalt Humboldt hat einen Ofen eingerichtet, der es ermöglicht, den Klärschlamm auch in feuchtem Zustande in Mischung mit Müll je nach dem Wassergehalt im Verhältnis wie 1:3 direkt zu verbrennen.

der Vergasung destilierte ein fettartiger Körper mit 73,5 Proz. C, 9,9 Proz. H, 0,8 Proz. N, 8,5 Proz. Asche und 7,3 Proz. O) über; das Gaswasser enthielt im Staubsack 2208 mg Gesamtstickstoff für 1 l, wovon 1494 mg auf Ammoniakstickstoff entfielen.

Reichle und Dost sind der Ansicht, daß bei dem Kohlebreiverfahren der wirtschaftliche Erfolg der Vergasung auf die Herabsetzung der Betriebskosten — besonders nach Einführung von einigen Verbesserungen des Verfahrens — nicht unerheblich sei.

Die Kosten der Schlammbeseitigung stellen sich nach den Mitteilungen der Königl. Abwasserkommission in England (5. Bericht 1908) sehr verschieden, nämlich für eine Tonne wässerigen Schlammes (mit 90 Proz. Wasser) einschließlich Verzinsung des Anlagekapitals und aller Unkosten, Lasten und Abgaben, aber ohne Berücksichtigung des Dünge- und Heizwertes, wie folgt:

Ausbreiten auf Land	Untergraben in Landfurchen	Pressen je nach dem Kalkzusatz und der Anzahl der Einwohner	Pressen und Verbrennen (schätzungsweise)
0,15 ℳ	0,40 ℳ	0,50 bis 1,00 ℳ	1,50 ℳ

Das Ausbreiten des Schlammes auf Land, oder das Untergraben desselben ist hiernach ohne Berechnung des Düngewertes immer am billigsten, nur muß dazu genügend viel und geeignetes Land in ebener Lage in der Nähe der Reinigungsanstalten zur Verfügung stehen.

Aus allen vorstehenden Untersuchungen und Erfahrungen geht hervor, daß für die Einführung eines Reinigungsverfahrens in einem gegebenen Falle ganz die örtlichen Verhältnisse maßgebend sind, daß es ein einziges bestes Reinigungsverfahren nicht gibt. Andererseits sind auf diesem Gebiete so bedeutende Fortschritte gemacht, daß es unter Zuziehung geeigneter Sachverständigen (Wasserbautechniker, Chemiker, Ärzte und Biologen) nicht schwer hält, das zweckmäßigste Verfahren ausfindig zu machen, falls die Reinigung eines Abwassers gefordert wird. England zeigt uns, was in der Reinigung auch der gewerblichen Abwässer geleistet werden kann, wenn die Fabriken vor die bittere Notwendigkeit, Abhilfe zu schaffen, gestellt werden. Damit soll zwar nicht gesagt sein, daß wir durch Gesetzgebung und Flußinspektion sofort dem Beispiele Englands folgen sollen; denn in vielen Fällen, in denen eine Reinigung der Abwässer nicht möglich oder nur mit außergewöhnlichen Kosten verbunden ist, ist man gezwungen, ganze Flüsse oder Flußstrecken einer leistungs-

und steuerkräftigen Industrie preiszugeben, indem, wenn es nicht anders geht, das kleinere Interesse dem größeren — aber selbstverständlich unter Entschädigung früherer berechtigter Interessen — weichen muß. In zahlreichen Fällen aber kann bei uns in Deutschland in der Reinigung gewerblicher Abwässer ohne wesentliche Belastung der Fabriken mehr geleistet werden, als dieses bis jetzt geschieht. In früheren Zeiten hat man bei Gründung von Industrien wenig Gewicht darauf gelegt, was aus den entstehenden Abgängen und Abfällen werden soll; man entledigte sich derselben durch Einführung in die Flußläufe auf dem bequemsten Wege und es wird lange dauern, bis man auf diese Weise eingeschlichene Übelstände vollständig beseitigt hat. Aber wenn man jetzt zu der Überzeugung gelangt ist, daß man nicht eher zur Anlage einer Klärvorrichtung für städtische Abwässer schreiten soll, bis man über die Unterbringung des Schlammes klar geworden ist, so sollte auch wenigstens zu Neuanlagen von Fabriken nur dann die Genehmigung erteilt und geschritten werden, wenn die Frage der zweckmäßigsten und genügenden Beseitigung der Abfallstoffe geregelt ist. Hierbei soll dann aber nicht, wie es häufig geschieht, die Frage dahin geprüft werden, wieviel kann der Vorfluter noch an zuzuführenden Stoffen vertragen, ohne übersättigt zu werden bzw. wieviel kann seine selbstreinigende Kraft noch leisten, sondern es muß mit Rücksicht auf das ständige Anwachsen der Bevölkerung und eine zukünftige Ausdehnungsmöglichkeit der Industrie erwogen und vorgeschrieben werden, wieweit sich auf Grund des heutigen Standes der Technik und Erfahrung die Reinigung und Beseitigung des Abwassers überhaupt ermöglichen läßt. Daß hierbei in erster Linie auf die Gesundheit des Menschen Rücksicht genommen werden muß, bedarf kaum einer nochmaligen Erwähnung. Wo es aber eben angeht, da soll auch die wirtschaftliche Ausnutzung der Abgänge nicht außer acht gelassen werden; denn die Geschichte lehrt uns, daß alle diejenigen Länder und Landschaften, welche (wie z. B. China, Damaskus, Malatia, Valencia, Lombardei u. a.) mit den Abgängen und dem fließenden Wasser eine geregelte weise Wirtschaft getrieben, sich am längsten auf hoher Kulturstufe gehalten und ohne Inanspruchnahme fremder Hilfsmittel sich eines bleibenden Wohlstandes zu erfreuen gehabt haben. Eine gleichzeitige wirtschaftliche Ausnutzung der Abgänge aller Art wäre aber auch bei uns in recht vielen Fällen möglich, wenn Industrie, Stadt und Land in der zweckmäßigsten Reinigung und

Beseitigung der häuslichen wie gewerblichen Abwässer sich nicht wie so häufig feindlich gegenüberstehen, sondern einträchtig Hand in Hand gehen wollten. Die Frage ist wahrlich wichtig genug, daß auch die Staatsregierung hier fördernd mit eingreift, und zwar um so mehr, als die von der Natur gebotenen Vorräte von stickstoff- und phosphorsäurehaltigen Düngemitteln zur Erhöhung der Bodenerträge immer mehr abnehmen und die stete Zunahme der Bevölkerung die Ausnutzung aller einheimischen Hilfs- und Erwerbsquellen zur dringenden Zeitaufgabe macht.

Verlag von Julius Springer in Berlin.

Chemie der menschlichen Nahrungs- und Genufsmittel.
Vierte, verbesserte Auflage. — In drei Bänden.
Herausgegeben von Geh. Reg.-Rat Professor **Dr. J. König**-Münster i. W.

I. Band: **Chemische Zusammensetzung der menschlichen Nahrungs- und Genußmittel.**
Bearbeitet von
Professor **Dr. A. Börner**-Münster i. W.
Mit Textabbildungen. — In Halbleder gebunden Preis M. 36,—.

II. Band: **Die menschlichen Nahrungs- und Genußmittel,**
ihre Herstellung, Zusammensetzung und Beschaffenheit,
nebst einem Abriß über die Ernährungslehre.
Von Professor **Dr. J. König**-Münster i. W.
Mit Textabbildungen. — In Halbleder gebunden Preis M. 32,—.

III. Band: **Untersuchung von Nahrungs-, Genußmitteln und Gebrauchsgegenständen.**
In Gemeinschaft mit Fachmännern bearbeitet
von Professor **Dr. J. König**-Münster i. W.
1. Teil: **Allgemeine Untersuchungsverfahren.**
Mit 405 Textabbildungen. — In Halbleder gebunden Preis M. 26,—.
Der 2. Teil, der die **Untersuchung und Beurteilung der einzelnen Nahrungsmittel** usw. behandelt, ist in Vorbereitung und soll tunlichst bald folgen.

Nährwerttafel.
Gehalt der Nahrungsmittel an ausnutzbaren Nährstoffen, ihr Kalorienwert und Nährgeldwert, sowie der Nährstoffbedarf des Menschen graphisch dargestellt.
Von Geh. Reg.-Rat **Dr. J. König,**
o. Professor an der Kgl. Universität und Vorsteher der Landw. Versuchsstation in Münster i. W.
Eine Tafel in Farbendruck nebst erläuterndem Text in Umschlag.
Zehnte, neu umgearbeitete Auflage. *Preis M. 1,60.*

Die Bedeutung der chemischen und bakteriologischen Untersuchung für die Beurteilung des Wassers.
Nach den auf der Versammlung der Freien Vereinigung deutscher Nahrungsmittelchemiker zu Stuttgart am 13. und 14. Mai 1904 gehaltenen Vorträgen von
Prof. **Dr. J. König,** Münster, und Prof. **Dr. R. Emmerich,** München.
Mit 1 Tafel. — Preis M. 1,20.

Zu beziehen durch jede Buchhandlung.

Verlag von Julius Springer in Berlin.

Die Untersuchung und Beurteilung des Wassers und des Abwassers.

Ein Leitfaden für die Praxis und zum Gebrauch im Laboratorium.

Von

Dr. W. Ohlmüller, und **Prof. Dr. O. Spitta,**
Verwaltungsdirektor des Virchow- Privatdozent der Hygiene an der
Krankenhauses, Geh. Reg.-Rat u. früh. Universität, Regierungsrat und
Vorsteher des Hygienischen Laboratoriums im Kaiserlichen Gesundheitsamt.

Dritte, neu bearbeitete und veränderte Auflage.

Mit 77 Figuren und 7 zum Teil mehrfarbigen Tafeln.

Preis M. 12,—; in Leinwand gebunden Preis M. 13,20.

Untersuchung des Wassers an Ort und Stelle.

Von

Dr. Hartwig Klut,

wissenschaftlichem Hilfsarbeiter der Kgl. Versuchs- und Prüfungsanstalt
für Wasserversorgung und Abwässerbeseitigung zu Berlin.

Mit 29 Textfiguren. — In Leinwand gebunden Preis M. 3,60.

Mikroskopische Wasseranalyse.

Anleitung zur Untersuchung des Wassers
mit besonderer Berücksichtigung von Trink- und Abwasser

Von

Dr. C. Mez,

Professor an der Universität zu Breslau.

Mit 8 lithogr. Tafeln und Textfiguren.

Preis M. 20,—; in Leinwand gebunden M. 21,60.

Das Mikroskop und seine Anwendung.

Handbuch der praktischen Mikroskopie und Anleitung zu mikroskopischen Untersuchungen.

Von

Dr. Hermann Hager.

Nach dessen Tode vollständig umgearbeitet und in Gemeinschaft mit
Regierungsrat Dr. O. Appel, Privatdozent Dr. G. Brandes und Professor Dr. Th. Lochte
neu herausgegeben

von **Dr. Carl Mez,**

Professor der Botanik an der Universität Halle.

Zehnte, stark vermehrte Auflage.

Mit 463 Textfiguren. — In Leinwand gebunden Preis M. 10,—.

Zu beziehen durch jede Buchhandlung.

Verlag von *Julius Springer* in Berlin.

Biochemie.
Ein Lehrbuch für Mediziner, Zoologen und Botaniker
von
Dr. F. Röhmann,
a. o. Professor an der Universität und Vorsteher der Chemischen Abteilung
des Physiologischen Instituts zu Breslau.

XVI und 770 Seiten gr. 8°. — Mit 43 Textfiguren und 1 Tafel.
In Leinwand gebunden Preis M. 20,—.

Im Erscheinen begriffen ist:

Chemisch-technische
Untersuchungsmethoden.

Unter Mitwirkung von

E. Adam, P. Aulich, F. Barnstein, O. Böttcher †, A. Bujard, C. Councler †, K. Dieterich,
K. Dümmler, A. Ebertz, C. v. Eckenbrecher, A. Eibner, K. Fischer, F. Frank,
H. Freudenberg, E. Gildemeister, R. Gnehm, O. Guttmann †, E. Haselhoff, W. Herzberg,
D. Holde, W. Klapproth, H. Köhler, Ph. Kreiling, K. B. Lehmann, J. Lewkowitsch,
C. J. Lintner, E. O. v. Lippmann, E. Marckwald, J. Meßner, J. Päßler, O. Pfeiffer,
O. Pufahl, O. Schluttig, K. Schoch, G. Schüle, L. Tietjens, K. Windisch, L. W. Winkler

herausgegeben von

Dr. Georg Lunge, und **Dr. Ernst Berl,**
emer. Prof. der technischen Chemie   Privatdozent, Chefchemiker der
am Eidgenössischen Polytechnikum   Fabrique de Soie artificielle de Tubize,
in Zürich   Belgien.

Sechste, vollständig umgearbeitete und vermehrte Auflage.

In vier Bänden.

Bisher sind erschienen:

Erster Band. 693 Seiten Text, 72 Seiten Tabellen-Anhang.
Mit 163 Textfiguren. — Preis M. 18,—; in Halbleder gebunden M. 20,50.

Inhalt: Allgemeiner Teil. — Technische Gasanalyse. — Untersuchung der festen Brennstoffe. — Fabrikation der schwefligen Säure. — Salpetersäure und Schwefelsäure. — Sulfat- und Salzsäurefabrikation. — Fabrikation der Soda. — Die Industrie des Chlors. — Kalisalze. — Verflüssigte und komprimierte Gase.

Zweiter Band. 885 Seiten Text, 8 Seiten Tabellen-Anhang.
Mit 138 Textfiguren. — Preis M. 20,—; in Halbleder gebunden M. 22,50.

Inhalt: Cyanverbindungen. — Ton. — Tonwaren und Dachschiefer. — Tonderpräparate. — Glas. — Die Mörtelindustrie (Zement). — Trink- und Brauchwasser. — Wasser für technische Zwecke. — Abwässer. — Boden. — Luft. — Eisen. — Metalle außer Eisen. — Metallsalze. — Calciumcarbid und Acetylen.

Band III und IV erscheinen im Laufe des Jahres 1911.

Zu beziehen durch jede Buchhandlung.

Verlag von Julius Springer in Berlin.

Analyse und Konstitutionsermittelung organischer Verbindungen.

Von

Dr. Hans Meyer,
Professor an der Deutschen Technischen Hochschule in Prag.

Zweite, vermehrte und verbesserte Auflage.

XXXII und 1003 Seiten. — Mit 235 Textfiguren.

Preis M. 28,—; in Halbleder gebunden M. 31,—.

Grundriſs der anorganischen Chemie

von

F. Swarts,
Professor an der Universität Gent.

Autorisierte deutsche Ausgabe

von **Dr. Walter Cronheim,**
Privatdozent an der Kgl. Landwirtschaftlichen Hochschule zu Berlin.

Mit 82 Textfiguren. — Preis M. 14,—; in Leinwand gebunden M. 15,—.

Gesundheitsbüchlein.

Gemeinfaßliche Anleitung zur Gesundheitspflege.

Bearbeitet im Kaiserlichen Gesundheitsamte.

Mit Abbildungen im Text und 3 farbigen Tafeln.

Vierzehnte Ausgabe.

Kartoniert Preis M. 1,—; in Leinwand gebunden M. 1,25.

Hygienisches Taschenbuch

für Medizinal- und Verwaltungsbeamte, Ärzte, Techniker und Schulmänner.

Von

Dr. Erwin von Esmarch,
Geh. Medizinalrat, o. ö. Professor der Hygiene an der Universität Göttingen.

Vierte, vermehrte und verbesserte Auflage.

In Leinwand gebunden Preis M. 4,—.

Zu beziehen durch jede Buchhandlung.

MIX
Papier aus verantwortungsvollen Quellen
Paper from responsible sources
FSC® C105338

If you have any concerns about our products,
you can contact us on
ProductSafety@springernature.com

In case Publisher is established outside the EU,
the EU authorized representative is:
**Springer Nature Customer Service Center GmbH
Europaplatz 3, 69115 Heidelberg, Germany**

Printed by Libri Plureos GmbH
in Hamburg, Germany